水文预报系统响应方法改进及应用研究

孙逸群　包为民　石　朋　著

黄河水利出版社
·郑　州·

图书在版编目(CIP)数据

水文预报系统响应方法改进及应用研究/孙逸群，包为民，石朋著.—郑州：黄河水利出版社，2023.2
ISBN 978-7-5509-3518-1

Ⅰ.①水… Ⅱ.①孙… ②包… ③石… Ⅲ.①水文预报-水文模型-研究 Ⅳ.①P338

中国国家版本馆 CIP 数据核字(2023)第 032173 号

组稿编辑：杨雯惠 电话：0371-66020903 E-mail：yangwenhui923@163.com

出 版 社：黄河水利出版社 网址：www.yrcp.com
地址：河南省郑州市顺河路黄委会综合楼 14 层 邮政编码：450003
发行单位：黄河水利出版社
发行部电话：0371-66026940、66020550、66028024、66022620(传真)
E-mail：hhslcbs@126.com
承印单位：广东虎彩云印刷有限公司
开本：787 mm×1 092 mm 1/32
印张：3.125
字数：82 千字 印数：1—1 000
版次：2023 年 2 月第 1 版 印次：2023 年 2 月第 1 次印刷

定价：28.00 元

前 言

洪水预报方法是洪水预报预警系统的核心组件,其中预报精度保证技术是最重要、难度最大的关键内容之一。洪水预报受到多种误差因素的影响(如观测数据、中间状态变量、模型参数误差等),单独使用水文模型预报的洪水预报精度往往难以满足防洪要求,因此需要对计算洪水过程有影响的误差因素进行校正以提高精度。传统误差修正方法存在损失预见期、效果不佳等诸多问题,迫切需要对实时洪水预报误差修正方法与技术进行研究。

系统响应方法是一种新的误差修正方法,其特点在于结构简单、不损失预见期、方法本身没有参数且与所用的预报模型具有相同的物理成因机制。目前针对系统响应方法的研究大多停留于应用层面,对影响系统响应方法修正效果的潜在问题的理论分析和改进的研究还相对较少。因此,为了进一步提高方法的实用性,需要对方法进行理论分析,并根据分析结果对方法进行改进。本书围绕系统响应方法改进研究,对系统响应方法的不稳定问题进行了理论分析,以水文学、正则化技术、现代控制理论等为理论基础,研究并改进系统响应方法。

全书共分为5章,第1章论述了研究意义及研究进展;第2章介绍了系统响应方法的基本概念并分析了影响修正效果的问题;第3章在现有研究的基础上,通过引入连续线性化方法,提出了自适应正则化迭代系统响应方法,在一定程度上减少了非线性水文模型线性化误差带来的不利影响;为了获得持续的修正效果并减少重新计算和扩展观测向量带来的计算消耗,从系统响应方法基本方程出发;第4章推导了系统响应方法的序贯形式,在此基础上提出了自适应变遗忘因子序贯系统响应方法；第5章总结了全书的内容并进行了展望。

感谢国家自然科学基金（52179011，U2243229，52209015），中国博士后科学基金（2022M720043）、江苏省卓越博士后计划（2022ZB145）和浙江省水利科技计划项目（RA2202）对本书出版的支持！

作　者

2023年1月

目　录

前　言
第1章　绪　论 …………………………………………………… (1)
1.1　研究意义 ………………………………………………… (1)
1.2　国内外研究现状 ………………………………………… (4)
第2章　系统响应方法问题分析 ……………………………… (22)
2.1　系统响应方法原理 …………………………………… (23)
2.2　问题分析 ……………………………………………… (25)
第3章　自适应正则化迭代系统响应方法 …………………… (33)
3.1　自适应正则化迭代系统响应方法 …………………… (33)
3.2　方法应用 ……………………………………………… (36)
3.3　结果分析 ……………………………………………… (44)
3.4　小　结 ………………………………………………… (49)
第4章　自适应变遗忘因子序贯系统响应方法 ……………… (51)
4.1　概　述 ………………………………………………… (51)
4.2　自适应变遗忘因子序贯系统响应方法 ……………… (53)
4.3　方法应用 ……………………………………………… (64)
4.4　结果分析 ……………………………………………… (64)
4.5　小　结 ………………………………………………… (75)
第5章　结论与展望 …………………………………………… (76)
5.1　主要结论 ……………………………………………… (76)
5.2　展　望 ………………………………………………… (78)
参考文献 ……………………………………………………… (80)

第1章 绪 论

1.1 研究意义

人类社会与水资源有着密不可分的联系,洪涝灾害是对人类社会危害最大的水资源问题之一,其造成的损失大约占全部自然灾害造成的所有损失的1/3。随着各类极端天气事件和人类活动愈加频繁,洪水灾害发生也更加频繁,世界上大部分国家和地区都暴露在洪水灾害的危害下。据统计,1987—1997年,亚洲地区洪水灾害夺走了22.8万条生命,造成经济损失约1 360亿美元;匈牙利约25%的人口生活在多瑙河洪泛平原上;在1900—2006年,洪水灾害造成的死亡人数占死亡总人数的19%以上;联合国教科文组织的世界水评估计划指出,洪水造成的死亡人数大约占全部与自然灾害有关的死亡人数的15%。

中国是世界上洪水发生最为频繁、受到洪水灾害影响最为严重的国家之一。中国许多经济发达地区都容易受到洪水灾害影响,这些地区通常人口稠密且经济发展良好,洪水灾害往往给这些地区带来重大人员伤亡和经济损失。长江是中国最重要的水路之一,其沿线多为经济发展核心地区,有着极其重要的经济地位和社会地位。历史上长江流域发生了多次严重的洪涝灾害,造成了重大经济损失和人员伤亡。1954年长江流域发生了全流域的特大洪水,死亡3万余人,受灾人口1 888余万;1998年长江流域发生了一次全流域的特大洪水,洪水量级大且持续时间长,直接经济损失超过2 000亿元。中国水系众多,黄河、珠江、淮河和辽河等水系历史上也都发生过多次非常严重的洪涝灾害。1951 年 8 月,辽河流域发生了特大洪水,受灾人口达 98.5 万;1958 年 7 月和 1982 年 8 月黄河流域发生两次特大洪水;1963 年海河水系发生了有水文记录以来的最大暴雨,造成 100 余县(市)受灾,受灾人口 4 079 多万,直接经济损失 80 亿元。1975 年淮河流域发生的特大洪水造成淮河上游板桥和石漫滩等两座大型水库、两座中型水库以及 58 座小型水库连锁垮坝。中国也是受风暴潮影响最为显著的国家之一,风暴潮灾害已成为对中国沿海区域经济发展危害最大的灾害种类之一。全球气候变化、快速城市化和频繁的人类活动改变了城市地区的水循环过程,加剧了中国城市的暴雨洪涝问题。2012 年 7 月 21 日北京及其周边地区遭遇特大暴雨,暴雨引起的洪涝灾害造成 79 人死亡,大量道路被淹没,交通大面积中断,直接经济损失超 100 亿元。

根据中国气象局气候变化中心发布的《中国气候变化蓝皮书(2019)》和《中国气候变化蓝皮书(2020)》,中国是全球气候变化的敏感区和影响显著区之一,20 世纪 90 年代后期以来,极端天气事件总体上呈现增多、增强的趋势,气候风险水平趋高。随着气候变暖的加剧和极端天气事件的增加,流域水文气象过程分布格局及演化趋势正在发生深刻的改变,极端干旱和洪涝事件等自然灾害发生的频率、范围、强度和影响程度显著增加,这对中国水资源、生态、环境、能源、重大工程、经济发展等诸多领域构成严峻的挑战。因此,必须采取各种防洪措施来减少洪涝灾害带来的负面影响。

通常来说,现有防洪措施可以分为结构性措施和非结构性措施两类。结构性措施通常是指通过物理手段对洪水特征进行干预(如通过修建水库拦蓄洪水以减小洪峰流量)以降低洪水危害,这类措施主要依靠修筑堤坝、改善河道洪水的承载能力、除险加固堤坝和堤防、修建水库、改善排水系统和规划开辟滞洪区等。一直以来,结构性措施都是降低洪涝灾害影响的重要措施。然而,单独结构性措施不足以完全消除洪水灾害问题带来的危害,结构性措施的修建和维护也会为政府的财政支出造成巨大负担。此外,结构性措施可能会对生态环境产生不同程度的负面影响。例如,修建水坝和水库会造成影响自然条件下的径流变化规律、干扰水生动物的生物行为等问题。随着人们逐渐意识到结构性措施的局限性,各个国家和政府开始在结构性措施的基础上积极引入非结构性措施。一般来说,非结构性措施包括建立洪水预报预警系统、编制洪水风险图、洪水风险管理、管理洪泛区等技术手段。洪水预报预警系统作为非结构性措施中最重要的技术手段之一,其主要作用在于尽可能快地向公众和有关当局提供相对可靠的未来洪水相关信息,如预测未来的洪水水位、溃口位置和洪灾影响范围等,使得政府和公众能够根据预测的洪水量级做出相应的响应(如使用临时防御措施、加固堤防和局部疏散等)。另外,借助于预报预警系统提供的信息,人们还可以科学有效地管理水库、闸坝等工程措施,充分发挥现有工程的潜在效益。例如,管理人员根据洪水预报预警系统提供的预报入库流量过程进行洪水调度,从而在保证防洪安全的前提下实现蓄水兴利。

洪水预报方法是洪水预报预警系统最重要的组成部分之一,洪水预报方法能够极大地提高水利工程设施的兴利除害效益和管理水平,水资源的科学配置同样离不开洪水预报方法的支持。洪水预报方法根据洪水形成和运动规律建立降水和径流的响应关系,利用各类气象和水文信息,对未来一段时间的水文关键信息(如流量、水位等)进行预测。根据预测时间范围的长度进行分类,一般可分为短期预报和中长期预报等,其中短期预报一般为向后预报几个小时到几天,中长期预报为几周到一年甚至更长。与中长期预报相比,短期预报的精度相对较高,并可定量地预测水文状态随时间的变化情况;中长期预报大多是从统计的意义上对未来较长时间范围的情况进行预测,以预测趋势为主要目标。水文模型是洪水预报中最常用的技术之一,水文模型利用流域历史信息,通过模拟当前状态以及输入可用信息(如降水),对未来一段时间内的流量、水位等变量进行预测。近年来,国内外学者和研究人员围绕水文模型展开了大量研究,大量水文模型逐渐涌现并在洪水预报中起到重要作用。但实际应用中水文模型的计算精度常常不尽如人意,主要原因之一是洪水预报过程中不可避免地受到外界环境中客观存在的误差因素的影响,为此需要对水文模型进行校正,以提高预报的精度。

在此背景下,包为民等提出了一种结构简单、方法本身没有参数且与所用的预报模型具有相同的物理成因机制的自动修正方法——系统响应方法(system response method,SR 方法)。系统响应方法作为一种新的自动误差修正技术,目前相关文献主要集中于应用层面,从理论角度出发对方法的分析及改进研究相对较少。实际应用中可用作修正的流量信息较少或者有效信息被误差污染时,系统响应方法可能出现修正效果不稳定的现象。此外,大多数水文模型是非线性的,这使得线性化误差会在一定程度上影响系统响应方法的修正效果。这些问题客观上限制了系统响应方法在误差修正等研究方向上的进一步应用。为此,围绕系统响应方法的理论分析及改进研究,分析系统响应方法的不稳定问题,以水文学、反演技术、正则化技术、现代控制理论等为理论基础,研究并改进系统响应方法,具有重要的理论意义和工程实用价值。

1.2 国内外研究现状

1.2.1 水文模型研究现状

现实世界中的系统是非常复杂的,模型作为一种研究现实系统的重要手段,已经广泛应用于各类科学研究和工程应用。水文模型是洪水预报研究的核心工具之一,是研究真实世界复杂水文过程的重要概化手段。真实环境下的降雨径流响应关系是极其复杂的,其过程由相互作用的多个要素(水体、大气和植被等)共同决定,通常难以使用数学物理方程对其进行精确描述。为此,水文学家依靠对真实降雨径流过程的观察和理解,通过对真实物理过程做出合理的简化,使用数学工具对简化后的过程进行概括,给出了现实水文系统(水文物理过程)的概化表示,提出了水文模型的概念。水文模型利用流域的历史信息,通过模拟当前状态以及输入的可用信息,对未来一段时间的流量/水位等变量进行预测。国内外学者和研究人员围绕水文模型的理论方法展开了大量研究,大量不同种类和用途的水文模型逐渐涌现,水文模型已经成为水资源领域最重要的工具之一。从用途上来看,现有的水文模型大体上可以分为两类:一类模型仅用于研究目的,这类模型的主要作用在于增强我们对真实的水文物理过程和水循环过程等的了解;另一类模型是从实际应用的角度出发,这类模型的主要作用在于向使用者提供可以参考模型的计算结果,从而帮助工程师对实际问题进行决策,其中较为典型的应用如洪水预报预警、洪水淹没预测、气候和土地利用变化的影响评估等,水文模型已经成为洪水预报预警作业中不可或缺的核心技术之一。

从不同的分类标准出发,现有的水文模型可以划分为不同的类别:从确定性模型到随机模型,从数据驱动模型、概念性模型到物理模型,从集总模型到分布式模型等。概念性模型(conceptual model)是水文学家根据自身对实际水文物理过程的实际观测和宏观认识先验地确定了模型结构,然后利用一系列数学公式进行表示,最后根据可用的降雨和流量数据对模型参数进行校准。物理式水文模型(physics-based model)从求解描述实际水文物理过程的偏微分方程出发,具有较强的物理机制和理论基础。数据驱动模型(data-driven model)通常不从精确描述物理过程的数学方程出发,也极少考虑建模者的先验知识,而是直接从现有的观测数据出发建立模型输入和模型输出之间的响应关系,这类模型中不乏水文学中的经典方法,如单位线法和时间序列模型等。单位线法使用传递函数描述径流对降水的响应关系,假定水文响应可以表示成一系列不同输入产生的脉冲的线性叠加和,然后通过最小化估计误差来推求该响应关系。单位线法具有概念简单且易于编程实现等优点,自单位法问世以来,国内外学者围绕单位线的理论方法展开了大量的改进研究。例如,文献[64]引入水量平衡关系约束和脉冲响应非负约束(保证每个降雨输入对应的模型输出都不为负)对方法进行改进,提出了约束线性系统模型。传统单位法缺少实际的物理背景,为此石朋等通过建立瞬时单位线参数和流域地形地貌参数之间的关系,提出了可用来解决无资料地区流域汇流问题的地貌瞬时单位线。时间序列模型(如自回归模型,自回归滑动平均模型等)是另外一种具有代表性的数据驱动模型。Carlson 等首先将自回归滑动平均模型应用于年径流预报中。马金凤等使用自回归滑动平均模型构建了玛纳斯河流域的年径流预报模型。时间序列模型一般假设待预测序列具有平稳性且服从高斯分布,然而天然径流过程受各种自然与非自然因素(如人类活动影响)的综合作用,通常是非平稳的,难以满足上述基本假定,这使得此类模型在具有非平稳特征径流序列预测方面能力有限。近年来,随着计算机技术的飞速发展,以机器学习技术为基础的水文水资源研究逐渐获得了水文学家的广泛关注,其中以人工神经网络为基础的水文模型已经逐渐成为国内外学者的研究热点之一。Kim 等基于神经网络模型,建立了一种适用于无资料地区的,以卫星数据、无线电高空测候仪数据、降雨数据等作为模型驱动的神经网络模型。Castellano-Mendez 等构建了基于神经网络模型的径流预报模型,并比较了该模型与基于自回归滑动平均模型的径流预报模型的预报精度,结果表明基于神经网络模型的径流预报模型的预报性能优于基于自回归滑动平均模型的径流预报模型。李鸿雁等在总结大量洪水预报实践经验的基础上,提出了一种改进反向传播神经网络算法,该算法的主要特点在于修改网络权重以偏重大值误差,应用结果表明改进的算法显著提高了对洪峰的预报精度。熊立华等基于神经网络技术建立了一种具有自适应权重系数的洪水预报模型、模型较好地反映了实际水文过程和参数的时变性。张海亮等提出了一种基于遗传算法和模糊神经网络的改进反向传播神经网络模型,在此基础上建立了基于改进神经网络模型的洪水预报模型。一般来说,如果可获得相对较长的实测序列时(历史数据足够多时),这类模型训练得到的模型能取得较高的精度,而可用的数据不充足时这类模型在测试期可能表现欠佳。

概念性水文模型具有一定的物理机制,模型结构和计算流程相对简单,易于通过编程实现,通常不需要大量的观测数据即可完成建模过程,这使得概念性水文模型成为最常用的一类水文模型。概念性水文模型使用许多相互连接的水箱来模拟实际物理过程,这些水库以降水、入渗等作为水箱补给,以蒸发、渗流等方式排空水箱。Crawford 和 Linsley 于 1966 年开发的斯坦福模型是第一个真正意义上的水文模型,在此之后出现了一系列基于土壤饱和带动态变化概念的概念性模型,这类模型一般遵循“土壤蓄满才产生径流”的假设。概念性水文模型中比较具有代表性的有中国的新安江模型、美国国家气象局的 SAC-SMA 模型、日本的水箱模型和瑞典的 HBV 模型等。新安江模型由河海大学赵人俊教授开发,模型使用了蓄水容量曲线的概念来近似描述流域土壤缺水量在空间分布的不均匀性。大量研究表明,新安江模型能够成功地应用于我国大部分湿润和半湿润地区。近年来,国内外学者围绕概念性模型的理论和改进展开了大量的研究,包为民等结合蓄满产流和超渗产流两种产流机制,提出了垂向混合产流模型;王厥谋等在分析新安江模型和约束线性系统模型的基础上,提出了一个综合约束线性系统模型。

集总式水文模型的模型参数、输入条件都是空间上的平均值,这意味着流域特征,气候条件和观测数据等因素的空间可变性被高度简化,整个流域被视为一个整体。早期的水文模型研究多以集总式水文模型为主,其主要原因是当时计算能力有限,且描述流域地貌特征的空间信息和包含空间分布信息的降水信息等相对匮乏。随着计算机技术、地理信息系统和遥测技术等相关领域的飞速发展,计算机的计算能力呈指数增长,水文模型建模过程和计算过程中可利用的信息越来越多,分布式水文模型逐渐成为研究热点。分布式模型根据流域各类物理特征(如地形、植被、土地利用等)对研究流域进行空间离散,将流域划分为若干个单元,每一个单元使用一组参数反映该单元输入数据和流域下垫面的空间异性以及人类活动等因素对水文过程的影响。因此,与传统的集总式概念性水文模型相比,分布式水文模型能够更加全面地考虑模型输入和流域特征等因素的空间异性。SHE 模型(System Hydrologic European)是第一个真正意义上的分布式水文模型,模型涵盖并耦合了水文循环中大部分重要的水文过程(如融雪、截留和蒸散发等)。SHE 模型对整个研究流域进行网格化离散,然后在垂直尺度上将土壤划分为几个具有不同性质的水平层,最后使用数值方法对偏微分方程进行求解。在原始 SHE 模型基础上,文献[85]、[86]提出了 SHE 模型的改进版本 MIKE-SHE 和 SHETRAN,其中丹麦 DHI 公司开发的 MIKE-SHE 模型是功能最为完善的分布式水文模型之一。MIKE-SHE 模型可以完整地描述整个水文循环,这使得研究人员可以使用 MIKE-SHE 模型对水循环过程进行深入研究,如分析研究地下水与地表水之间的相互作用、分析土地利用变化对地下水和地表水的影响机制等。此外,MIKE-SHE 模型大部分功能和计算模块在设计和编写时引入了并行计算的思路，这使得模型可以充分地利用多核进行并行计算，一定程度上克服了分布式水文模型计算耗时长的问题。TOPMODEL 是以变源产流机制为基础的分布式水文模型，为了反映流域下垫面的空间异性模型的，模型引入了具有一定物理机制的“地形指数”概念，该指数可通过 DEM 数据推求，根据地形指数分类进行产流计算。Wood 等提出了可变下渗能力模型（Variable Infiltration Capacity，VIC），模型从能量方程和水平衡方程出发，考虑了土壤，植被和大气之间的物理交换过程。在 VIC 模型的基础上，文献[90]和文献[49]相继提出了具有 2 层土壤结构和 3 层土壤结构的 VIC-2L 模型（two-layer Variable Infiltration Capacity）和 VIC－3L 模型（three-layer Variable Infiltration Capacity），VIC-3L 模型在 VIC-2L 模型的原上层结构上增加了一层厚度相对较薄的土层。SWAT 模型（Soil & Water Assessment Tool）是美国农业部开发的分布式水文模型，可对流域中不同类型的水文过程进行长时间的连续模拟，如径流模拟、水质模拟、土壤侵蚀模拟等。为了考虑模型输入和流域特征等因素的空间异性，传统的集总式概念性水文模型的研究也被进一步扩展，出现了以概念性水文模型为基础的概念性分布式水文模型。石朋等以新安江模型中的蓄满产流理论为基础，构建了松散耦合的分布式新安江模型。袁飞在新安江模型的基础上，通过分析地表植被对流域水文循环的影响，构建了具有一定物理机制的、引入地表植被结构的分布式新安江模型。为了充分利用已有的水文模型，荷兰三角洲研究院（Deltares）开发了基于 PCRaster 的开源分布式建模平台——WFLOW。WFLOW 是一个完全分布式的建模平台，其最大的优势在于 WFLOW 可以最大限度地利用已有的水文模型（如著名的 SBM 模型、HBV 模型等）和各类地球观测数据（地形、土壤、土地利用和气候等数据）进行建模，WFLOW 已在世界多个地区得到了成功的应用。

分布式水文模型能够更加全面地考虑模型输入和流域特征等因素的空间异性,这使得分布式水文模型在土地利用变化、水土流失、控制非点源污染和气候变化响应等领域得到了广泛的研究和应用,然而直接使用分布式水文模型进行实时洪水预报作业的示例仍然很少。其中一个重要原因是目前分布式水文模型的计算精度与集总式水文模型或半分布式水文模型的精度基本相当,但其计算消耗要远远高于集总式水文模型或半分布式水文模型。此外,分布式水文模型的模型参数确定存在一定的困难。对于集总式水文模型而言,模型参数可以使用手动试错法或自动优化方法调整模型参数将模型输出尽量拟合至观测输出以获得适当的参数,但分布式水文模型的模型参数数量众多,这使得直接使用优化算法或手动调校参数是相对困难的。对于物理分布式水文模型而言,模型参数与流域的物理特征联系紧密,从理论上来讲模型的所有参数都可以直接从各种观测数据、地貌特征等流域信息直接获得。但这一过程对数据要求相当严格,需要收集大量的、具有较高精度的、不同种类的观测数据和流域特征信息,这使得直接通过观测数据和地貌特征等流域信息确定模型参数存在一定的困难。

1.2.2 水文模型估计问题研究进展

由于本研究中会多次出现"校正/修正(correct)""估计(estimate)"和"更新(update)"这三个术语,为了方便后文的叙述,这里对这些术语解释如下:"估计"是指根据已有的观测数据对模型某些部分进行估计,例如根据流域出口断面观测流量对模型参数进行估计(又可称为"参数优化"或"参数率定")。当有一批新观测数据时,我们可以重新估计模型参数,从而得到一组新的参数估值并用其替代旧的参数,这个过程可以描述为"对旧模型参数进行更新"或"更新模型参数"。当模型计算结果存在偏差时,可以通过调整模型状态或模型参数等以消除其存在的误差,这个行为描述为“对模型状态或模型参数进行校正或修正”。综上所述,以上术语的主要差别在于描述角度不同,本书会根据具体的语境灵活使用上述几个术语。水文模型估计问题是指,根据各类观测信息对水文模型(模型参数、模型状态等)进行估计或修正,以使其接近其真实值。实际条件下这些真实值往往是无法获知的,因为水文模型是真实降雨径流过程的概化产物,通常我们只能通过使模型输出与观测输出值尽量保持一致以期望获得的估计值接近其真实值。从这个意义上来说,水文模型的参数优化、状态估计、误差校正等都属于水文模型框架下的估计问题,只是处理的对象有所差异。

通常来说,当模型结构和参数确定之后,水文模型也随之确定,即

$$\text{结构} + \text{参数} = \text{模型} \tag{1-1}$$

在确定了水文模型之后,使用给定模型输入和模型初始条件(某一时刻的模型变量)运行水文模型就可以得到模型输出,即

$$\text{模型} + \text{输入} + \text{初始条件} = \text{模型输出} \tag{1-2}$$

因此,由式(1-1)和式(1-2)可知,从误差来源来看,水文模型误差可以分为模型输入误差、模型结构误差、模型参数误差和模型变量误差。这些误差因又可进一步划分为外界输入层误差和模型层误差。外界输入层误差主要包括模型输入数据的误差;模型层误差主要包括水型结构误差、参数误差和模型变量误差。模型输入误差是指模型输入数据中存在的误差,如降水数据观测误差、网格插值误差等。水文模型常用的降水输入数据一般包括地面遥测站点的观测数据、雷达测雨数据和数值天气预报数据等。地面站点数据(如遥测站点的观测降水)是水文模型常用的一类输入数据,其精度会在一定程度上受到观测设备自身误差的影响。此外,在使用这类数据时,通常需要对来自站点的“点”观测数据进行处理得到“面”观测数据(如进行网格插值计算、流域面平均计算

等)，这个转化过程(如测站位置代表性差、插值方法不合适等问题)可能会为模型输入引入额外的误差。随着气象、卫星遥感和雷达测雨等技术的不断发展，水文模型可用的降水输入数据逐渐由单一的来源(地面遥测观测站点的观测数据)转向多元化的手段，如雷达测雨和数值天气预报产品等。世界各国已经有一些洪水预报机构开始使用数值天气预报产品作为水文模型的模型输入，构建了水文气象耦合的集合预报体系数值天气预报、多卫星遥感降水产品和雷达测雨技术等能够更好地考虑降水在整个流域上的空间分布，并且可以为无资料或缺资料地区提供输入数据，但这些数据所包含的误差通常不低于使用地面站网观测数据估算得到的降水所包含的误差。对降水进行随机扰动是一类常见的分析降水误差影响的方法，这类方法通常根据观测降水系列生成随机误差系列，然后利用生成的随机误差对降水进行扰动以模拟真实的降水误差。这类方法概念简单且易于实现，但如何设定误差系列的统计特性缺乏统一的标准，因此这类方法具有一定的主观性。此外，这类方法适用于考虑降水在时间尺度上的不确定性，难以量化降水在空间上的不确定性，而实际情况下模型的降水输入同时受到时间尺度和空间尺度的误差影响。为了减少遥测雨量资料误差引起的模型计算误差，瞿思敏等利用抗差估计方法构建了雨量观测误差三步修正方法，在一定程度上减少了遥测雨量资料误差。为了考虑空间变异性，Clark 等将观测站点的空间位置作为局部加权回归模型的解释变量，提出了一种可在复杂地形中生成网格化降水集合的方法。赵坤等利用自适应卡尔曼滤波方法使用地面观测数据对雷达估测降水进行了校正，应用结果表明，校正后的雷达估测降水能够更好地考虑降水的空间异性，并且使用其作为模型输入的水文模型计算结果具有较高精度。

除了降水输入误差，模型自身误差也是影响水文模型计算效果的重要因素，主要包括模型结构误差、模型参数误差和模型变量误差。对水文现象认识的不足与不适当的概化都会造成模型结构的误差(如对流域产流机制的错误认识)。除了模型结构误差,模型自身误差还包括参数误差和模型变量误差,与这两类误差相对应的估计问题是参数估计问题(也称为"参数优化或参数率定问题")和模型变量估计问题。参数估计方法大体上可以分为人工试错法和自动优化方法两类。人工试错法是实际工作中最常用的参数估计方法之一,需要模型使用人员依据经验和对模型的了解手动调整参数值将模型输出拟合至观测值。这类方法非常依赖模型使用人员的经验,并且其调试过程不具有通用性,难以在不同水文模型之间移用。为了减少参数估计过程的主观性并且增加通用性,研究人员开始使用自动优化方法对模型参数进行估计。参数自动优化算法通过设定目标函数,利用特定算法自动调整参数值以尝试获得最佳拟合的参数。自动优化算法的种类繁多,每种算法都有其适用的优化问题,经典的方法如 Newton 法、Rosenbrock 法、单纯形法、粒子群算法和遗传算法等。根据算法是否利用目标函数导数信息,参数优化算法可以分为直接算法和梯度类算法两大类,经典优化算法如 Rosenbrock 法和模式搜索法(pattern search)等都属于直接算法范畴;梯度类算法需要计算或近似目标函数相对于参数的偏导数,如高斯牛顿法和拟牛顿法等。包为民等通过分析目标函数结构和参数函数曲面信息特点,提出了基于参数函数曲面的截痕相交参数估计方法。梯度类算法利用了目标函数的导数信息,收敛速度通常较快,但实际应用中近似目标函数偏导数可能存在一定困难(如目标函数不可导),并且差分近似微分过程带来的误差可能导致优化算法不稳定。就水文模型的参数优化问题而言,其参数空间通常存在多个局部最优,这使得大部分的经典优化算法只能保证局部最优而不是全局最优。针对这一问题,国内外学者围绕水文模型参数全局优化问题开展了大量研究。张文明等使用改进粒子群算法对新安江模型进行了多目标参数优化,结果表明,基于改进粒子群算法的多目标参数优选方法能够综合考虑水文过程的各种影响因素。Duan 等提出了一种稳健高效的全局优化算法 SCE-UA(shuffle complex evolution),该算法融合了遗传算法、Nelder 算法和最速下降算法的优点。大量研究应用结果表明,SCE-UA 算法能够有效地解决不同水文模型的模型参数全局优化问题。传统水文模型参数率定过程通常是单目标优化问题,一般是通过最小化单一目标函数搜算最优参数,但这样的参数优化过程仅仅考虑了水文过程某一方面的特征。为了充分挖掘各种水文特征信息,国内外学者围绕水文模型参数多目标优化问题展开了大量的研究。郭俊等比较了多目标优化算法得到的水文模型参数和单目标优化算法得到的水文模型参数,发现多目标优化算法优化率定得到的参数要优于单目标优化过程得到的模型参数。张洪刚等研究考虑了水量平衡、确定性系数、洪峰和枯水流量过程综合影响的多目标函数,应用结果表明,基于多目标函数的参数优化过程能够充分挖掘水文资料中所蕴含的各种水文特征信息。

模型变量更新/校正/估计问题是指根据观测输出值与模型输出值之间的差异,对模型变量进行调整,以期得到更好的模型计算效果。为了保证预报结果是可靠有效的,模型参数和模型结构一经确定,通常不会在洪水预报作业中对其进行调整。因此,校正模型变量是洪水预报中最常用的一类提高预报精度的方法,从预报的角度来看,其核心思想是通过改善预报起始时刻的模型初始条件估计精度来提高预报效果。这类方法与模型参数估计的目标是一致的——使模型计算得到的结果尽量与真实值一致。根据观测数据直接对模型变量进行修正是最直接的方法之一,如使用卫星观测数据来估计模型中描述积雪厚度的模型变量或使用土壤湿度观测数据对模型中描述土壤湿度的模型变量进行修正。这类方法适用于具有较强物理机制的水文模型,不适用于大多数概念性水文模型。不适用的主要原因在于概念性水文模型变量中可以实际观测的只有部分模型输入(如降水)和模型输出(流域出口断面流量或河道水位流量等),绝大多数的模型变量都是概化的产物,这些概化的变量与其试图描述的实际物理量是有一定差异的,这使得实际中无法对这些模型变量进行观测(其真实值不可知)。因此,对于概念性水文模型而言,这类方法的作用往往有限。概念性水文模型的模型变量估计/校正过程实质上是一个将输出的观测值与输出值之间的差异信息反馈至模型变量的过程。这类方法中最简单常用的人工调整法即使用者根据最新模型模拟与观测数据之间差异,手动校正模型的变量。这类方法与手动调整模型参数是类似的,同样具有简单有效的特点,但也存在主观性过强、缺少可移植性等问题。与手动类方法相对的是自动类方法,这类方法根据方法使用观测数据的模式进行分类,可以分为批估计(batch estimation)类方法和序贯估计类(sequential estimation)方法。批估计方法,又称非序贯估计(non-sequential estimation)方法,是指以分批的形式("一个数据块接一个数据块")对观测数据进行应用;序贯估计类,又称递归估计(recursive estimation)方法,是指以逐个的形式("一个数据接上一个数据")对观测数据进行应用,每一个最新的估计值都是根据上一次的估计值和本次的观测值确定的。假设待估计的目标为变量 $\boldsymbol{x}$,前 $n-1$ 个观测数据组成的向量为 $\boldsymbol{y}_{n-1}=[y_1 \quad y_2 \quad \cdots \quad y_{n-1}]$,则使用 $\boldsymbol{y}_{n-1}$ 估计 $\boldsymbol{x}$ 真实值的过程可以表示为:

$$\boldsymbol{y}_{n-1} \to \hat{\boldsymbol{x}}_{n-1} \tag{1-3}$$

式中:$\hat{\boldsymbol{x}}_{n-1}$ 为变量 $\boldsymbol{x}$ 第 $n-1$ 次的估值。

假设又获得了观测值 y_n,则新一轮的批估计方法估计可以使用下式表示:

$$\boldsymbol{y}_{n} \to \hat{\boldsymbol{x}}_{n} \tag{1-4}$$

式中：$\boldsymbol{y}_n$ 为扩展向量 $\boldsymbol{y}_{n-1}$ 得到的新观测向量，即加入了最新的观测值 y_n 。

序贯估计类方法的估计过程可以表示为：

$$\hat{\boldsymbol{x}}_{n-1}, y_n \rightarrow \hat{\boldsymbol{x}}_n \tag{1-5}$$

从这个意义上来说，3DVAR 方法（three-dimensional variational assimilation）、4DVAR 方法（four-dimensional variational assimilation）、系统响应方法等方法都属于批估计方法，而粒子滤波、扩展卡尔曼滤波、集合卡尔曼滤波等方法都属于序贯估计方法。以 3DVAR 方法和 4DVAR 为代表的变分法是为了克服最优插值方法的局限性而提出的进阶方法，与最优插值方法相比，变分法可以更为灵活地处理不同类型的观测值。此外，变分法为使用更复杂的背景误差协方差模型提供了一个更通用的框架。4DVAR 通过为观测误差项引入时间窗口，一定程度上解决了 3DVAR 方法未适当考虑观测时间的问题。Seo 等基于变分法提出了一种实时更新状态的方法，并使用此方法对萨克拉门托模型的土壤含水量状态进行实时更新，结果表明，提出的方法能够有效提高短期预报的准确性。文献[148]、[149]使用最佳线性无偏估计器，根据流量观测值对水文模型的初始土壤含水量进行估计，然后使用估计后的初始土壤含水量发布预报，结果表明，方法能够通过估计初始土壤含水量有效地提高流量模拟的效果。

水文模型本质上是一个时域离散系统，线性卡尔曼滤波是求解时域线性系统状态方程最常用的递推方法之一，但大多数水文模型的非线性特质使得线性卡尔曼滤波并不能直接应用于大多数水文模型的变量校正问题。为此，葛守西等通过有限差分方法对圣维南方程进行线性离散化，构建了三种不同形式的状态空间模型，然后使用线性卡尔曼滤波对构建的模型进行校正。王船海等将卡尔曼滤波技术与水动力学模型的线性近似相结合，提出了基于标准卡尔曼滤波的水位流量交替校正方法。上述研究解决问题的核心思路是构建非线性系统的线性化格式，然后使用标准卡尔曼滤波进行递推求解；另外一类思路是使用非线性滤波实现这类问题的求解，如扩展卡尔曼滤波（extended Kalman filter，EKF）、粒子滤波（particle filter，PF）、集合卡尔曼滤波（ensemble Kalman filter，EnKF）、无迹卡尔曼滤波（unscented Kalman filter，UKF）等。EKF使用一阶泰勒展开对非线性系统进行线性化近似，然后利用线性卡尔曼滤波公式进行求解。Lü等将扩展卡尔曼滤波与粒子群算法联合应用对土壤含水量进行估计，应用结果表明耦合扩展卡尔曼滤波与粒子群算法能够有效地对表层土壤湿度进行估计。扩展卡尔曼滤波使用一阶泰勒展开对非线性系统进行局部线性化，这使得其性能与线性化近似的精度密切相关，当线性化得到的模型精度较低时，扩展卡尔曼滤波的使用效果可能较差，甚至出现迭代发散的情况。为了避免扩展卡尔曼滤波对水文模型线性化过程可能出现的问题，越来越多的研究人员开始逐渐转向使用基于采样思想的非线性滤波。与扩展卡尔曼滤波相比，这类方法的主要优势在于无须使用泰勒展开对非线性水文模型进行局部线性化，而是通过某种特定的策略对模型状态进行采样，然后将这些采样点通过模型传播计算来间接解决模型的非线性问题。集合卡尔曼滤波是目前水文气象领域研究人员最为关注的基于随机采样思想的非线性滤波之一，对于复杂的非线性问题，当集合成员的数量足够大时，集合卡尔曼滤波仍能取得较为稳定的效果。McMillan等使用递归集合卡尔曼滤波，利用流量数据对模型状态进行更新以改善流量预测效果，结果表明递归集合卡尔曼滤波能够更加稳定有效地提高预报系统的效果。粒子滤波是另外一种著名的基于蒙特卡洛思想的非线性滤波，与集合卡尔曼滤波相比，粒子滤波的一个重要的理论优势在于其不受限于高斯分布假设。Weerts等对集合卡尔曼滤波和粒子滤波进行了对比研究，使用两种滤波方法对HBV-96降雨径流模型的模型状态进行估计，研究结果表明，集合卡尔曼滤波在集合成员较少(相当于使用的采样点较少)的情况下仍能取得较好的效果,而粒子滤波在粒子较多(相当于使用的采样点较多)时的效果要略微优于集合卡尔曼滤波。无迹卡尔曼滤波(unscented Kalman filter, UKF)是另外一种著名的非线性卡尔曼滤波。与 EnKF 类方法和 PF 类方法类似,UKF 的核心思路也是利用样本点来捕获和传播状态的统计特性。与 EnKF 和 PF 相比,UKF 一个重要的区别是其生成样本点(称为 Sigma 点)的策略是确定性的,当采样策略确定时,UKF 每次迭代生成的样本点只与前一时刻的误差协方差矩阵、滤波参数及系统状态有关,而粒子滤波和集合卡尔曼滤波是随机的。Sun 等使用 UKF 和 EnKF 对 WALRUS 模型的模型状态进行估计,结果表明,UKF 能够通过改善模型状态的估计精度来提高预报精度,与 EnKF 相比,效果更加稳定且计算消耗小。许多学者的研究结果表明上面介绍的两类方法能够有效地估计水文模型的模型状态,但这些算法的成功应用依赖于与实际情况相匹配的统计假设,而在实际情况下往往难以给出精确的统计假设(难以精确估计变分法的背景误差协方差),只能通过经验给出假设。当给定的统计假设与真实情况相差较大时,方法的应用效果可能较差,甚至出现发散的情况。

无论是参数估计方法还是模型变量估计方法,其本质都是对“水文模型自身”进行调整;另外一类方法的思路是不对“水文模型本身”进行干预,而是直接调整模型输出以期获得更好的计算结果,如图 1-1 所示为两类方法的分类示意图。

“不调整自身类”方法通常假设模型输出误差在时间上具有一定的相关关系,在该假设的基础上,对输出误差系列进行建模(较为典型的方法是使用时间序列模型),从而得到模型输出误差预测模型,最后利用误差预测模型修正模型输出计算结果。与对“水文模型自身”进行调整的方法相比,这类方法的优势在于其几乎无需与水文模型进行交互,在获得了误差预测模型之后,使用误

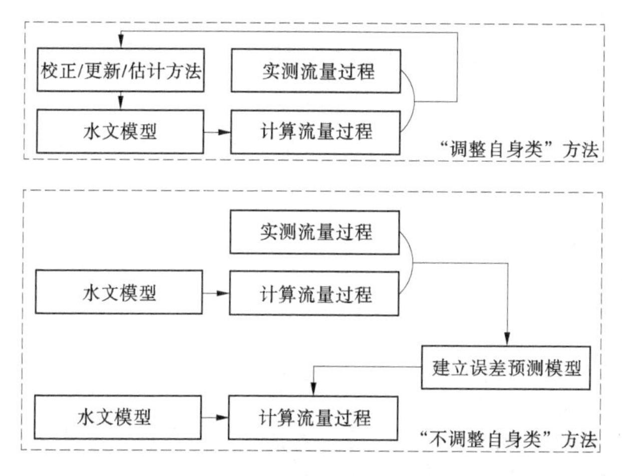

图1-1　水文模型估计方法分类示意图

差预测模型即可直接修正并输出计算结果。Broersen等使用自回归滑动平均模型,利用水文模型模拟流量和实测流量之间的差异建立时间序列模型,然后将误差预测模型应用于模型误差校正,取得了较好的效果。Weerts等提出了基于分位数回归技术(quantile regression)、以预测水位为条件的水位预报误差预测模型构建方法,应用结果表明方法简单有效且能够获得稳定的修正效果。为了考虑洪水误差时间序列的非线性特性,王文圣等引入了回归系数可变的指数自回归模型,与传统线性自回归的比较研究结果表明,回归系数可变的指数自回归模型要优于传统的线性自回归模型。为了获得可靠稳定的修正结果,这类方法使用的过程中必须尽可能地消除系统偏差和随时间变化的偏差,但实际情况下各类误差通常难以区分和量化且相互影响。此外,基于时间相关误差预测模型的校正方法通常要求"残差在时间上是相关的"这一假设必须成立,而对于整个洪水过程而言,误差相关性在洪水过程中某些位置可能较低,甚至可能出现相关性假设不成立的情况,如在洪水靠近洪峰的起涨阶段。

综上所述,尽管上述水文模型框架下的估计方法在细节上或在其操作方式上有所差异,它们的核心思路都是对水文模型的计算输出和观测输出之间的差异信息加以利用,从而提高模型的计算效果和预报的准确性。大量学者的研究和应用结果表明,两类方法都能在一定程度上提高水文模型的计算效果,但在实际应用时需要满足假设,当实际洪水预报中信息不足或给定的假设与真实情况相差较大时,效果可能欠佳。

1.2.3 系统响应方法研究进展

包为民等提出了一种结构简单、方法本身没有参数且与所用的预报模型具有相同的物理成因机制的自动修正方法——系统响应方法(system response method,SR 方法)。司伟等利用系统响应方法,将新安江模型产流模块以下作为一个整体,使用系统响应方法建立了模型残差与模型计算产流量误差之间的响应关系,然后利用模型残差对计算产流量进行修正,最后用修正后的产流量重新计算出流过程,应用结果表明系统响应方法能够通过修正新安江模型计算产流量来提高新安江模型的模拟精度。在上述研究的基础上,包为民等建立了一个向误差源追溯的新安江模型自由水蓄量误差反演修正模型,使用数值实验和实际流域应用比较了基于系统响应方法的自由水蓄量误差反演修正模型与二阶自回归模型的修正效果,结果表明两种方法都能有效地提高水文模型的模拟效果,基于系统响应方法的自由水蓄量误差反演修正模型的修正效果要优于二阶自回归模型的修正效果。刘可新等提出了基于系统响应理论的分水源误差修正方法,实现了对不同径流成分的分类误差反演修正。模型降水输入误差是影响模型效果的重要因素之一,为此 Si 等使用系统响应方法对概念性水文模型的面平均雨量进行修正,应用结果表明系统响应方法能够通过修正面平均雨量来提高模型预报精度,并且修正效果具有随雨量站密度降低而增加的趋势。

实际应用中系统响应方法在可用作修正的流量信息较少时,系统响应方法可能出现修正效果不稳定的现象,为此刘可新等和杨姗姗等分别提出了比产流平稳矩阵法和岭估计法以提高方法的稳定性,但已有文献中并未对系统响应方法遇到的不稳定问题进行深入分析。综上所述,目前围绕系统响应方法展开的研究大多停留于应用层面,对于影响系统响应方法修正效果的理论分析和改进的研究还相对较少,尤其是对于影响方法实际应用的修正不稳定问题的研究不足。实际洪水预报中使用的水文模型多属于时域非线性系统,因此线性化误差会一定程度影响方法的修正效果。此外,目前系统响应方法的相关研究本质上都是针对单一变量不同时刻的值进行修正,而水文模型中的许多模型变量前后时段是相关的(后一个时段的模型变量是在前一个时段模型变量的基础上递推计算得到的),这使得针对前面时段模型变量的修正会引起后面时段的模型变量发生变化,进而影响修正效果。此外,现阶段系统响应方法及改进方法属于批估计方法,随着时间的推移,可用的新观测值越来越多,每当有一个新观测值可用时,系统响应方法都需要抛弃过去的修正量估计结果重新估计修正量,还需要将修正后的模型变量代入模型重新计算,这部分计算消耗会随着观测值数量的增加而显著递增。

第2章　系统响应方法问题分析

信息是水文模型研究和应用的基础,水文模型每一个环节都离不开对信息的使用,如何使用信息是影响水文模型效果的关键因素之一。系统响应方法的核心思想是从出口断面流量过程中提取对水文模型运行有益的信息,然后使用提取到的信息对水文模型进行校正,因此系统响应方法要解决的问题的本质是如何有效地进行信息提取与利用。对于水文模型误差修正问题而言,这一过程可以更加具体地表述为从模型输出值与观测输出值之间的差异(对于流域水文模型而言,一般为水文模型计算流域出口断面流量和观测流域出口断面流量之间的差异)中提取对水文模型误差修正有利的信息,然后利用提取到的信息对选择的修正目标(下称“待估计量”)进行修正。然而文献[172]指出,信息提取与利用过程可能会面临两类问题,一方面由模型输出值与观测输出值之间的差异构成的信息库信息量不足,导致系统响应方法无法提取到足够的信息,使得方法面临有效信息不足的问题。信息不足问题的情况有很多,例如在一场洪水开始的时刻,可用观测数据较少,那么此时历史数据中包含的有效信息不足以构建观测数据和待估计量间唯一的映射关系。再比如,若系数矩阵中某两个列向量(或者行向量)存在较强的线性相关关系,则线性相关的两个向量提供的信息基本一致,此时有效信息仍是不足的,典型的表现如系数矩阵接近奇异或问题病态。另一方面,由模型输出系列与其对应观测之间的差异(模型残差)构成的信息库包含了大量的信息,其中不仅包括可用于模型校正的有效信息,也包含有各种有害信息。例如,水文模型的观测值(如实测水位或实测流量)中必然含有观测噪声、水文模型结构固有的误差等,这些误差都是普遍存在且难以消除的。因此,在利用提取到的信息时,需要对有害信息的不良影响加以抑制。信息不足时,观测数据中一个微弱的扰动都可能造成系统响应方法修正效果不稳定,有害信息的存在会加剧系统响应方法受到的不利扰动,因此信息不足问题和有害信息问题是密切相关的,一个问题的出现会加剧另外一个问题的负面影响。可利用的信息不足,加上有害信息对系统响应方法的影响作用,这会引起系统响应方法修正不稳定问题,该问题与传统的参数率定不稳定问题是类似的,但已有文献对该问题研究较少,文献[170]和文献[171]分别提出平稳矩阵方法和岭估计方法以提高方法稳定性,但并未从理论角度出发对不稳定问题根源进行分析。因此,需要从理论角度出发分析不稳定问题出现的原因,以便后续根据理论分析结果对系统响应方法进行改进。为此,本章利用奇异值分解方法对系统响应方法的不稳定问题进行分析,研究不稳定问题的表现形式及其对方法使用效果的影响机制。

2.1　系统响应方法原理

系统响应方法核心思想可以概括为,使用一阶泰勒展开对非线性水文模型进行线性化近似,建立模型误差修正量和模型输出变化量之间的响应关系,然后基于构建的响应关系利用模型残差对误差修正量进行估计,最终实现对模型变量的修正。一般地,考虑如下通用形式表示的非线性水文模型:

$$\boldsymbol{Y}=\boldsymbol{g}(\boldsymbol{X},\boldsymbol{U},\boldsymbol{W}) \tag{2-1}$$

式中:$\boldsymbol{Y}=[y_1 \quad y_2 \quad \cdots \quad y_m]$ 为模型计算输出值向量;$\boldsymbol{X}=[x_1 \quad x_2 \quad \cdots \quad x_n]$ 为模型变量向量;$\boldsymbol{U}=[u_1 \quad u_2 \quad \cdots \quad u_m]$ 为模型输入值向量;$\boldsymbol{W}=[w_1 \quad w_2 \quad \cdots \quad w_k]$ 为模型参数向量。

本书只考虑模型变量估计问题,则式(2-1)可以简化为如下形式:

$$\boldsymbol{Y} = \boldsymbol{g}(\boldsymbol{X}) \tag{2-2}$$

利用式(2-2),模型输出残差向量可以表示为:

$$\boldsymbol{f}(\boldsymbol{X}) = \widetilde{\boldsymbol{Y}} - \boldsymbol{Y} \tag{2-3}$$

式中: $\widetilde{\boldsymbol{Y}} = [\tilde{y}_1 \quad \tilde{y}_2 \quad \cdots \quad \tilde{y}_m]$ 为输出观测值向量。

假设待估计模型变量 $\boldsymbol{X}$ 当前估计值为 $\hat{\boldsymbol{X}}^-$,无论 $\boldsymbol{X}$ 的真实值 $\boldsymbol{X}^*$ 是什么,该真实值总可表示为当前估计值 $\hat{\boldsymbol{X}}^-$ 与一个未知修正量 $\boldsymbol{h}$ 的组合:

$$\boldsymbol{X}^* = \hat{\boldsymbol{X}}^- + \boldsymbol{h} \tag{2-4}$$

如果能够获得修正量 $\boldsymbol{h}$ 的估值,就可以计算 $\boldsymbol{X}^*$ 。式(2-1)所描述的水文模型是一个非线性系统,为此系统响应方法对上式进行局部线性化。假设 $\boldsymbol{f}(\boldsymbol{X})$ 具有一阶连续偏导数,只保留泰勒级数一阶项,将 $\boldsymbol{f}(\boldsymbol{X})$ 在 $\hat{\boldsymbol{X}}^-$ 处展开:

$$\boldsymbol{f}(\boldsymbol{X}) \approx \boldsymbol{f}(\hat{\boldsymbol{X}}^-) + \boldsymbol{f}'(\hat{\boldsymbol{X}}^-)\boldsymbol{h} \tag{2-5}$$

式中: $\boldsymbol{f}'(\hat{\boldsymbol{X}}^-)$ 是由模型残差函数对每一个待估计变量一阶偏导数构成的雅克比矩阵。

矩阵 $\boldsymbol{f}'(\hat{\boldsymbol{X}}^-)$ 在系统响应方法中又被称作“系数矩阵”,其在 (i,j) 位置的偏导数为:

$$[\boldsymbol{f}'(\hat{\boldsymbol{X}}^-)]_{ij} = \frac{\partial f_i}{\partial x_j}(\hat{\boldsymbol{X}}^-) \tag{2-6}$$

文献[166]给出了系数矩阵中的详细计算步骤,本书中不再赘述,其系数矩阵中第 i 列的计算公式为:

$$\frac{\partial \boldsymbol{f}}{\partial x_i}(\hat{\boldsymbol{X}}^-) \approx \frac{\boldsymbol{f}(\hat{\boldsymbol{X}}^- + \delta \boldsymbol{e}_i) - \boldsymbol{f}(\hat{\boldsymbol{X}}^-)}{\delta} \tag{2-7}$$

式中：δ 为预先设置的小的正的差分步长；向量 $\boldsymbol{e}_i$ 除去位置 i 的值为 1，其余元素全部为 0。

使用误差平方和形式的目标函数，则 $\boldsymbol{h}$ 可通过求解下式得到：

$$[\boldsymbol{f}'(\hat{\boldsymbol{X}}^-)^{\mathrm{T}}\boldsymbol{f}'(\hat{\boldsymbol{X}}^-)]\boldsymbol{h} = -\boldsymbol{f}'(\hat{\boldsymbol{X}}^-)^{\mathrm{T}}\boldsymbol{f}(\hat{\boldsymbol{X}}^-) \tag{2-8}$$

由式(2-2)和式(2-3)可知有如下关系：

$$\boldsymbol{f}'(\boldsymbol{X}) = -\boldsymbol{g}'(\boldsymbol{X}) \tag{2-9}$$

则式(2-8)又可写作：

$$[\boldsymbol{g}'(\hat{\boldsymbol{X}}^-)^{\mathrm{T}}\boldsymbol{g}'(\hat{\boldsymbol{X}}^-)]\boldsymbol{h} = \boldsymbol{g}'(\hat{\boldsymbol{X}}^-)^{\mathrm{T}}\boldsymbol{f}(\hat{\boldsymbol{X}}^-) \tag{2-10}$$

矩阵 $[\boldsymbol{g}'(\hat{\boldsymbol{X}}^-)^{\mathrm{T}}\boldsymbol{g}'(\hat{\boldsymbol{X}}^-)]$ 包含了水文模型当前状态的偏导数信息，由式可得 $\boldsymbol{h}$：

$$\boldsymbol{h} = -[\boldsymbol{f}'(\hat{\boldsymbol{X}}^-)^{\mathrm{T}}\boldsymbol{f}'(\hat{\boldsymbol{X}}^-)]^{-1}\boldsymbol{f}'(\hat{\boldsymbol{X}}^-)^{\mathrm{T}}\boldsymbol{f}(\hat{\boldsymbol{X}}^-) \tag{2-11}$$

或者：

$$\boldsymbol{h} = [\boldsymbol{g}'(\hat{\boldsymbol{X}}^-)^{\mathrm{T}}\boldsymbol{g}'(\hat{\boldsymbol{X}}^-)]^{-1}\boldsymbol{g}'(\hat{\boldsymbol{X}}^-)^{\mathrm{T}}\boldsymbol{f}(\hat{\boldsymbol{X}}^-) \tag{2-12}$$

2.2　问题分析

2.2.1　信息相关

至此，已得到了系统响应方法的基本公式。以文献[167]中使用系统响应方法修正新安江模型自由水蓄水量为例，简述应用步骤如下。首先将新安江模型自由水蓄水库以下的部分概化为一个系统，构建自由水蓄量变化量与对应的模型输出之间的响应关系，然后利用式(2-12)求解自由水蓄量修正量，最后使用修正量修正自由水蓄量。假设已经有时刻 t_1 到时刻 t_m 自由水蓄水量的计算系列：

$$\hat{\boldsymbol{X}}^{-} = \begin{bmatrix} \hat{x}_1^{-} & \hat{x}_2^{-} & \cdots & \hat{x}_m^{-} \end{bmatrix} \tag{2-13}$$

则由以上计算自由水蓄水量系列计算得到的模型输出误差系列为：

$$\boldsymbol{f}(\hat{\boldsymbol{X}}^{-}) = \tilde{\boldsymbol{Y}} - \boldsymbol{Y}(\hat{\boldsymbol{X}}^{-}) \tag{2-14}$$

假设自由水蓄量对应的真实值系列为：

$$\hat{\boldsymbol{X}} = \begin{bmatrix} \hat{x}_1 & \hat{x}_2 & \cdots & \hat{x}_m \end{bmatrix} \tag{2-15}$$

式中：$\hat{x}_i$ 为 t_i 时刻的自由水蓄水量的真实值。

利用式(2-7)求解系统响应方法的系数矩阵,然后使用式(2-11)求解自由水蓄水量的修正量 $\boldsymbol{h}$,最后利用修正量对自由水蓄水量计算系列进行修正：

$$\hat{\boldsymbol{X}} = \hat{\boldsymbol{X}}^{-} + \boldsymbol{h} \tag{2-16}$$

式中：$\boldsymbol{h}$ 的表达式为：

$$\boldsymbol{h} = \begin{bmatrix} h_1 & h_2 & \cdots & h_m \end{bmatrix} \tag{2-17}$$

式中：h_m 为 t_m 时刻的自由水蓄水量计算值的修正量。

计算值、修正值和修正量三者满足如下关系：

$$\hat{x}_m = \hat{x}_m^{-} + h_m \tag{2-18}$$

系数矩阵中每一列式(2-7)近似度量了待修正量 $\hat{\boldsymbol{X}}^{-}$ 中每一个元素发生变化时系统输出(残差)对应的变化情况,这使得系统响应方法可以直观地展示模型变量变化与模型输出变化之间的响应关系。

在使用式(2-7)近似的系数矩阵和式(2-11)进行求解修正量,以及使用式(2-16)进行修正时,默认满足的一个条件是 $\hat{\boldsymbol{X}}^{-}$ 中各个元素在时间上是无关的或相关关系是非常弱的。假设使用系统响应方法估计得到了自由水蓄水量的修正量 $\boldsymbol{h}$ =

$[h_1 \quad h_2 \quad \cdots \quad h_m]$，对于 t_1 时刻，我们可以使用 h_1 获得 $\hat{x}_1$，注意自由水蓄水量是递推计算的，修正 $\hat{x}_1$ 会造成下一个时刻自由水蓄水量的变化，显然这可能会影响系统响应方法的修正效果。为了减小修正变量在时间上相关对系统响应方法修正效果的影响并提高方法通用性，有必要将系统响应方法的“修正同一个变量的不同时刻”的修正模式转换为“修正同一个时刻的不同变量”的修正模式。

2.2.2　不稳定问题分析

实际应用中系统响应方法在可用作修正的流量信息较少时，系统响应方法可能出现修正效果不稳定的现象，为此，刘可新等和杨姗姗等分别提出了比产流平稳矩阵法和岭估计法以提高方法的稳定性（R-SR 方法），但已有文献中并未对系统响应方法遇到的不稳定问题进行深入分析，本节将进一步分析不稳定问题出现的原因并指出现有改进方法的局限性。

首先对式(2-10)进行改写为

$$\boldsymbol{A}\boldsymbol{h} \approx \boldsymbol{b} \tag{2-19}$$

即分别令

$$\boldsymbol{A} \equiv \boldsymbol{g}'(\hat{\boldsymbol{X}}^-)^{\mathrm{T}}\boldsymbol{g}'(\hat{\boldsymbol{X}}^-) \tag{2-20}$$

$$\boldsymbol{b} = \boldsymbol{g}'(\hat{\boldsymbol{X}}^-)^{\mathrm{T}}\boldsymbol{f}(\hat{\boldsymbol{X}}^-) \tag{2-21}$$

$\boldsymbol{h}$ 估值需要对式(2-19)进行求解得到，在实际应用中，信息不足问题和有害信息的存在可能会影响式(2-19)的求解。

$$\boldsymbol{A} = \boldsymbol{U}\sum\boldsymbol{V}^{\mathrm{T}} = \sum_{i=1}^{n}\boldsymbol{u}_i\sigma_i\boldsymbol{v}_i^{\mathrm{T}} \tag{2-22}$$

式中：$\boldsymbol{U} = (\boldsymbol{u}_1, \boldsymbol{u}_2, \cdots, \boldsymbol{u}_n) \in \boldsymbol{R}^{m\times n}$ 为 $m \times n$ 矩阵，其列向量为正交规范向量；$\sum = \mathrm{diag}(\sigma_1, \sigma_2, \cdots, \sigma_n)$ 为 $n \times n$ 对角矩阵，对角线上

元素满足 $\sigma_1 \geqslant \sigma_2 \geqslant \cdots \geqslant \sigma_n \geqslant 0$; $\boldsymbol{V} = (\boldsymbol{v}_1, \boldsymbol{v}_2, \cdots, \boldsymbol{v}_n) \in \boldsymbol{R}^{n \times n}$ 为 $n \times n$ 矩阵,其列向量为正交规范向量。

利用上述奇异值分解,$\boldsymbol{A}$ 的逆可以写作:

$$\boldsymbol{A}^{\dagger} = \sum_{i=1}^{\mathrm{rank}(A)} \boldsymbol{v}_i \sigma_i^{-1} \boldsymbol{u}_i^{\mathrm{T}} \tag{2-23}$$

式中:rank($\boldsymbol{A}$) 表示矩阵 $\boldsymbol{A}$ 的秩。

利用式(2-23),式(2-19)的解(式)又可以写作:

$$\boldsymbol{h} = \boldsymbol{A}^{\dagger}\boldsymbol{b} = \sum_{i=1}^{\mathrm{rank}(A)} \frac{\boldsymbol{u}_i^{\mathrm{T}}\boldsymbol{b}}{\boldsymbol{\sigma}_i} \boldsymbol{v}_{\mathrm{i}} \tag{2-24}$$

当系数矩阵信息不足(如出现严重的复共线性)时,系数矩阵经过奇异值分解后得到的奇异值会出现一部分较小的奇异值,并且这部分较小的奇异值与其他奇异值在数值大小上通常具有明确的差异,这些较小的奇异值有可能导致方法出现不稳定的情况。分析式(2-24)可知,当奇异值分解得到的奇异值中存在很小的值时,$\boldsymbol{b}$ 包含的微量有害信息(如观测噪声和设备的观测误差等)都会被显著地放大,从而影响到解的稳定性。例如,假设 $\boldsymbol{\sigma}_k$ = 0.000 01,向量 $\boldsymbol{b}$ 的第 i 个元素存在扰动 δ_i,则由式(2-24)可知,这个扰动会被放大 100 000 倍,这意味着有害信息带来的一个微弱的扰动都可能会严重影响系统响应方法估计得到的修正量 $\boldsymbol{h}$ 的稳定性。因此,从奇异值分解角度来看,系统响应方法不稳定问题的表现形式与系数矩阵经过奇异值分解得到的奇异值中是否出现较小的值密切相关。当信息不足时,系数矩阵经过奇异值分解得到的奇异值中会出现较小的奇异值,较小的奇异值会加剧有害信息对系统响应方法修正量求解的负面影响,从而使修正量的估值出现不稳定的情况。

刘可新等和杨姗姗等提出的方法的核心思想都是为目标函数添加正则化项以抑制解的不稳定性,即将原始系统响应方法的误差平方和目标函数(最小化)

$$\min_{h}\{\|\boldsymbol{Ah}-\boldsymbol{b}\|_2^2\} \tag{2-25}$$

替换为

$$\min_{h}\{\|\boldsymbol{Ah}-\boldsymbol{b}\|_2^2+\lambda^2\|\boldsymbol{h}\|_2^2\} \tag{2-26}$$

式中：$\|\boldsymbol{Ah}-\boldsymbol{b}\|_2^2$ 和 $\|\boldsymbol{h}\|_2^2$ 分别为 $\boldsymbol{Ah}-\boldsymbol{b}$ 和 $\boldsymbol{h}$ 的 2-范数的平方；λ 为正则化参数。

比较以上两式可知，上述改进的核心是在系统响应方法的目标函数基础上增加了项 $\lambda^2\|\boldsymbol{h}\|_2^2$（称为“正则化项”）。增加的这一项实际上将原始的“最小化模型残差平方和”转化为“同时最小化模型残差平方和修正量平方和之和”，这样的转化意味着改进后的修正量要同时考虑最小化模型残差平方和最小化修正量平方和。换句话说，增加的正则化项为系统响应误差修正方法补充了额外的先验信息，要求系统响应误差修正方法在求解过程中限制修正量的大小（不能过大），即要求解不能为了最小化残差平方和项“$\|\boldsymbol{Ah}-\boldsymbol{b}\|_2^2$”而一味地调整修正量。从水文模型角度来看，引入这个先验信息意味着一个建模过程合理且正常运行的水文模型，其模型变量的修正量通常“不应过大”。举例来说，假设我们修正目标是新安江模型的产流量，如果模型原始计算结果是可靠的，由修正方法估计得到的修正量不应过大，如果系统响应误差修正方法估计得到的修正量为 10 000 mm，这样的修正量估计结果显然是不合理的。因此，在原始目标函数基础上增加度量修正量大小的正则化项意味着为系统响应误差修正方法引入先验信息——“一个合理的修正量不应该过大”。

由上述分析可知，系统响应方法实际应用中面临的不稳定问题与系统响应误差修正方法系数矩阵中较小的奇异值密切相关。因此，解决这一问题的关键是对奇异值分解中得到的小奇异值进行处理。本书中考虑在小奇异值分量前加入抑制系数以抑制有害信息的影响：

$$\boldsymbol{h} = \sum_{i=1}^{\mathrm{rank}(A)} f_i \frac{\boldsymbol{u}_i^{\mathrm{T}} \boldsymbol{b}}{\sigma_i} \boldsymbol{v}_i \tag{2-27}$$

式中：f_i 为第 i 个奇异值 σ_i 对应的抑制系数。

由分析可知，给定的抑制系数需要与 σ_i 成反比，即 $f_i \propto 1/\sigma_i$。当分解结果中包含小奇异值（σ_i 趋于 0）（分母趋于零）时，小奇异值对解的“放大作用”（$1/\sigma_i$）趋于无穷大，此时我们需要一个非常小的 f_i 来抑制 $1/\sigma_i$ 对有害信息的放大作用；当没有小奇异值出现时，我们需要 f_i 逐渐趋近于 1 以使抑制作用逐渐减少直至消失。结合考虑以上分析，考虑使用如下形式的抑制系数：

$$f_i = \frac{\sigma_i^2}{\sigma_i^2 + \lambda^2} \tag{2-28}$$

式中：$\lambda \geqslant 0$ 为抑制系数的参数。

此时式（2-27）正好为式（2-26）的解。随着 $\lambda \to 0$，抑制作用越来越弱，当 $\lambda = 0$ 时，抑制作用完全消失；随着 $\lambda \to \infty$，抑制作用越来越强。进一步地，将式（2-28）代入式（2-27）可得：

$$\boldsymbol{h} = \sum_{i=1}^{\mathrm{rank}(A)} \frac{\sigma_i}{\sigma_i^2 + \lambda^2} \boldsymbol{u}_i^{\mathrm{T}} \boldsymbol{b} \boldsymbol{v}_i \tag{2-29}$$

由式（2-29）可知，引入式（2-28）形式的抑制系数实际上是将原问题中对误差有强烈放大作用的项“$1/\sigma_i$”替换为“$\sigma_i/(\sigma_i^2 + \lambda^2)$”。为了分析替换之后新项的取值范围，将该项写成以下函数：

$$y = \frac{x}{x^2 + \lambda^2} \quad x \geqslant 0 \tag{2-30}$$

假设 λ 为已知常数，则式（2-30）为以 x 为自变量的函数，其最大值位于点 $x = \lambda$ 处，最大值为 $1/2\lambda$，因此可得取值范围为：

$$0 \leqslant \sigma_i/(\sigma_i^2 + \lambda^2) \leqslant \frac{1}{2\lambda} \tag{2-31}$$

与式中原始项 $1/\sigma_i$ 相比,引入抑制因子后的新项上限被参数 λ 限制(相当于扰动的放大作用被限制了),参数越大,压缩幅度越强。可以粗略地讲,抑制因子的引入压缩了小奇异值对扰动的"放大作用",从而使得解更加稳定。

由上述分析可知,参数 λ 的取值直接影响了先验信息对目标函数的影响程度。当正则化参数过小时,正则化项作用微乎其微,系统响应误差修正方法可能出现修正不稳定情况;如果正则化参数过大,正则化项占主导地位,解会完全被先验信息主导,则用来描述模拟误差的残差项作用越来越小,导致解精度降低,因此选择有效的正则化参数是十分重要的。

现有研究中常用的选择正则化参数方法有L曲线方法和广义交叉验证法等。广义交叉验证法从交叉验证角度出发,假设一个良好的正则化参数能够有效地预测缺失的数据点,如果残差向量 $\boldsymbol{b}$(观测向量)中的任意一个元素缺失,使用其余数据点获得的正则化解重新计算理应能够较好地预测这一缺失值。GCV方法在实际应用中得到了广泛的关注,但是在某些情况下GCV函数可能极其平缓,这使得用数值方法确定函数最小值会出现困难。正则化参数选择问题实际上是一个如何平衡解的范数最小化(先验信息)和残差范数最小化的问题,L曲线法从这个角度出发,通过绘制解的范数与对应残差的关系图来获得合适的正则化参数,理想条件下,解范数与对应残差构成的关系图呈"L"形,即绘制得到的曲线由明显的垂直和水平两部分构成。其中,L曲线垂直的部分对应着正则化参数较小时的情况,此时解受到较小奇异值对应的扰动项影响;水平的部分则对应着正则化参数较大时的情况,此时正则化项的作用起到主导地位。在过渡区间的"拐角"附近,正则化解同时受到正则化误差和较小奇异值对应的扰动项的影响。利用这一性质,L曲线方法将曲线过渡区间的拐点(L曲线上曲率最大的点)对应的正则化参数作为最优正则化参数。

L 曲线方法因其具有概念直观的优势得到了广泛的研究和应用,然而在实际应用中,L 曲线的解析形式通常是未知的,这使得求解 L 曲线上曲率最大的点存在一定的难度。通常的做法是通过数值算法近似描绘 L 的形状,再选择最优正则化参数。然而,这样的做法通常需要大量的迭代计算以保证数值近似的精度和有效性,这严重限制了该方法的实际应用效果。

2.2.3 非线性模型修正效果

系统响应方法和其改进方法实质上都是利用模型残差与模型变化量之间的响应关系推求修正量,从而实现模型变量修正。大部分水文模型是非线性模型,系统响应方法和其改进方法使用线性化方法近似该响应关系,这使得线性化误差会在一定程度上影响修正量的求解精度,进而导致系统响应方法修正不能一步达到最优,然而现有方法研究通常采用一次修正。这类问题通常可以通过构建连续线性化求解过程来提高求解精度,即将求解模型修正量的过程分解为若干个子过程,逐渐逼近最后的解。

2.2.4 缺少对应的序贯算法

现阶段系统响应方法及改进方法属于批估计方法,随着时间的推移,可用的新观测值越来越多,每当有一个新观测值可用时,系统响应方法都需要抛弃过去的修正量估计结果重新估计修正量,还需要将修正后的模型变量代入模型重新计算,这部分计算的消耗会随着观测值数量的增加而显著递增。

第 3 章　自适应正则化迭代系统响应方法

本章将构建系统响应方法的迭代形式以减少非线性模型线性化误差影响，引入正则化项以解决迭代过程的不稳定问题；提出一种计算量相对较小且效果稳定的自适应正则化参数估计方法，然后将提出的自适应正则化参数估计方法应用于系统响应方法的迭代形式，提出自适应正则化迭代系统响应误差修正方法（I-SR）最后使用 I-SR 方法对新安江模型初始条件进行估计，完成方法效果测试。

3.1　自适应正则化迭代系统响应方法

3.1.1　系统响应方法的迭代形式

为了方便本章中迭代系统响应方法的推导，首先改写第 2 章中的式(2-5)：

$$\boldsymbol{f}(\boldsymbol{X}) \approx \boldsymbol{f}(\hat{\boldsymbol{X}}^-) + \boldsymbol{f}'(\hat{\boldsymbol{X}}^-)\boldsymbol{h} \tag{3-1}$$

对上式引入表示迭代次数的下标 k，使用 $\hat{\boldsymbol{X}}_k$ 替换 $\hat{\boldsymbol{X}}^-$，$\hat{\boldsymbol{X}}_{k+1}$ 替换 $\boldsymbol{X}$，$\boldsymbol{h}_k$ 替换 $\boldsymbol{h}$，则上式被改写为：

$$\boldsymbol{f}(\hat{\boldsymbol{X}}_{k+1}) \approx \boldsymbol{f}(\hat{\boldsymbol{X}}_k) + \boldsymbol{f}'(\hat{\boldsymbol{X}}_k)\boldsymbol{h}_k \tag{3-2}$$

比较式(3-1)和式(3-2)可知，第 k 次迭代计算结果是第 $k+1$ 次迭代的初始值，即式(3-2)是式(3-1)基础上得到的迭代形式，将整个修正过程分解为多个迭代子过程，以逐渐逼近其真实值。以下将推导迭代系统响应方法基本形式的算法，首先给出现有正则化系统响应方法求解修正量的等价形式：

$$(\boldsymbol{J}^{\mathrm{T}}\boldsymbol{J} + \lambda^2\boldsymbol{I})\boldsymbol{h} = -\boldsymbol{J}^{\mathrm{T}}\boldsymbol{f} \tag{3-3}$$

式中：$\boldsymbol{J}$ 表示 $\boldsymbol{f}'(\hat{\boldsymbol{X}}^-)$；$\boldsymbol{f}$ 表示 $\boldsymbol{f}(\hat{\boldsymbol{X}}_0^-)$。

假设当前为第 k 次迭代，类似式(3-2)，为式(3-3)中的各项引入代表迭代次数的下标 k：

$$(\boldsymbol{J}_k^{\mathrm{T}}\boldsymbol{J}_k + \lambda_k^2\boldsymbol{I})\boldsymbol{h}_k = -\boldsymbol{J}_k^{\mathrm{T}}\boldsymbol{f}_k \tag{3-4}$$

假设已经使用式(3-4)获得了本次迭代的估计 $\boldsymbol{h}_k$，我们可以对待估计变量进行更新：

$$\boldsymbol{X}_{k+1} = \boldsymbol{X}_k + \boldsymbol{h}_k \tag{3-5}$$

然后将更新后的待估计量 $\boldsymbol{X}_{k+1}$ 作为下一次迭代的初始值，进入下一次迭代，计算 λ_{k+1}^2，$\boldsymbol{J}_{k+1}$ 和 $\boldsymbol{f}_{k+1}$，继续迭代直到达到设定的终止迭代标准停止迭代。

3.1.2　正则化参数自适应估计方法

至此已经获得了系统响应方法迭代形式的基本计算流程，为了应用上述迭代算法，还需要确定每一次迭代中正则化参数的值。第 2 章中使用的 L 曲线法是一种有效的确定正则化参数的方法，但其相对复杂的计算过程和较大的计算开销使其不适用于进行迭代计算。为此，本章提出一种计算量相对较小且效果稳定的自适应确定正则化参数的方法，该方法的出发点是第 2 章内容中提到的正则化方法的一个十分有用的性质：正则化参数可以一定程度上控制修正量“大小”（范数），当正则化参数趋于无穷大时，估计得到的修正量趋于零。当 λ_k^2 足够大时，式(3-4)可近似为：

$$(\lambda_k^2\boldsymbol{I})\boldsymbol{h}_k \approx -\boldsymbol{J}_k^{\mathrm{T}}\boldsymbol{f}_k \tag{3-6}$$

则修正量 $\boldsymbol{h}_k$ 可使用下式近似求解：

$$\boldsymbol{h}_k \approx -\frac{1}{\lambda_k^2}\boldsymbol{J}_k^{\mathrm{T}}\boldsymbol{f}_k \tag{3-7}$$

式(3-7)表明,可以通过增大正则化参数来减少(压缩)修正的幅度(减小 $\boldsymbol{h}_k$),这个性质可以帮助设计确定正则化参数的策略:事先设定一个终止的标准并且要求选择的正则化参数需要满足要求,如果当前迭代中选择的正则化参数对应的解不满足要求,则增大正则化参数,直到满足要求。如果迭代多次均不能满足要求(表明在当前条件下无法找到满足问题要求的正则化参数),经过多次放大后的正则化参数将趋于无穷大,这将使修正量趋于零(不修正待估计量),这保证了使用式(3-5)修正后的效果一定不会比修正前差。例如,假设在本轮迭代中迭代初始值与真实解差距较大,这可能导致方法使用的一阶截断泰勒展开式对真实模型的近似精度降低,低精度的线性近似可能导致解的精度降低,进一步导致修正效果变差,甚至起到反作用。利用上述策略,我们可以通过控制正则化参数来保证目标函数值下降,得到一个“相对保守的”小步长作为本次迭代中解的变化量,然后尝试在下一次迭代中重新进行线性化近似。综上,上述确定正则化参数的方法可以概括为,选择的参数需要使解满足某个特定条件,如果不满足,则一直增大正则化参数,直到满足条件或者一直增大正则化参数使得待估计量的修正量趋于0,最终达到算法预先设置的退出条件退出。使用迭代形式的方法求解问题的一个基本要求是迭代过程中目标函数的误差应该是逐渐减小的。为此,要求选择的正则化参数需要满足:

$$\boldsymbol{\lambda}_{k+1}^2=\begin{cases}\lambda_k^2/d & F(\boldsymbol{X}+\boldsymbol{h}_k)<F(\boldsymbol{X})\\ \lambda_k^2\cdot d & F(\boldsymbol{X}+\boldsymbol{h}_k)\geqslant F(\boldsymbol{X})\end{cases}\tag{3-8}$$

式中:d 控制了自适应估计过程中正则化参数的变化速率。

d 为大于1的常数,值越大,算法收敛速度越快,但参数精度相对较低;d 越小,算法收敛速度越慢,参数精度相对较高。为了兼顾计算消耗时间和参数精度,本书取 $d=10$。持续以上过程,直到两次相邻迭代中解出的修正量相差很小(如 1×10^{-6})或者达到最大迭代次数(1 500 次)时结束算法。至此得到了完整的实时洪水预报误差迭代系统响应修正方法。

3.2 方法应用

实际洪水预报中误差来源多且情况较为复杂,难以直观地分析方法对模型变量的估计效果(如模型初始条件),只能通过比较实测流量过程线和计算流量过程线来间接地评价方法效果。为此,本章在常规的实际流域验证的基础上设计了理想实验验证对方法进行测试。利用理想实验验证,不仅可以通过比较实测流量过程线和计算流量过程线来间接地评估方法效果,也可以通过比较真实值和估计值之间的拟合程度来直接验证方法的效果。

3.2.1 水文模型

新安江模型是河海大学赵人俊教授根据新安江水库入库流量预报工作经验提出的概念性降雨径流模型,广泛应用于我国的湿润和半湿润地区。新安江模型使用蓄水容量曲线考虑张力水蓄水容量的空间分布,在完成产流量计算后,模型进入分水源和坡面汇流计算阶段。这一阶段中,三水源新安江模型通常将自由水蓄水库方法和线性水库方法组合使用,自由水蓄水库将上一个阶段计算得到的总的产流量划分为地表径流、壤中流径流和地下径流三种径流成分。此后,模型进入河网汇流和河道演算阶段,常用的方法有滞后演算法和马斯京根河道连续演算法等。

本书使用的新安江模型在坡面汇流阶段结束后,将总出流作为马斯京根河道连续演算法的入流进行分河段连续演算,将连续演算的最后一个河段的出流作为模型输出的计算流量,本书中使用的新安江模型的模型参数及其对应的参数意义见表 3-1。

表 3-1　理想实验验证中使用的模型参数

参数符号	单位	参数意义	参数值
K	—	流域蒸散发折算系数	0.9
WM	mm	平均张力水容量	120
WUM	mm	上层张力水容量	20
WLM	mm	下层张力水容量	90
WDM	mm	深层张力水容量	10
B	—	张力水蓄水容量曲线方次	0.4
C	—	深层蒸散发折散系数	0.12
IM	—	不透水面积	0.1
SM	mm	自由水蓄水容量	20
EX	—	自由水蓄水容量曲线方次	1.5
KI		自由水蓄水库对壤中流的出流系数	0.3
KG	—	自由水蓄水库对地下径流的出流系数	0.4
CS	—	河网蓄水消退系数	0.95
CI	—	壤中流消退系数	0.98
CG	—	地下水消退系数	0.99
C_1	—	子河段演算系数	0.166 7
C_2	—	子河段演算系数	0.666 7
C_3	—	子河段演算系数	0.166 7
N	—	连续演算子河段个数+1	3

3.2.2　水文模型初始条件修正

首先构建初始条件误差与模型残差之间的响应关系：

$$f(\hat{X}_0) \approx f(\hat{X}_0^-) + f'(\hat{X}_0^-)h \tag{3-9}$$

式中：$\hat{X}_0^-$ 为修正前的模型初始条件；$\hat{X}_0$ 为修正后的模型初始条件；h 为模型初始条件的修正量。三者满足以下关系：

$$\hat{X}_0 = \hat{X}_0^- + h \tag{3-10}$$

然后利用迭代系统响应方法对初始条件的修正量进行求解，最后将修正后的模型初始条件代入模型重新计算。

3.2.3　理想实验验证

实际应用中水文模型只有少数模型变量是可以观测的，如流域特定位置的水位或流量（如流域出口断面流量），大部分模型变量（如自由水蓄量、地表径流等）和模型参数的真实值是无法获知的。因此，实际条件下水文模型应用效果只能通过比较模型输出值和其对应的观测值间接评价。为了充分验证改进方法的修正效果，本书设计了所有真值均为已知的（通过人工设定）的理想实验验证，理想实验验证的真实模型输入、真实模型参数、真实初始条件、真实水文模型结构、真实模型输出、真实观测等均已知。其中，真实模型输出（不含观测噪声）是通过运行真实（手动给定）条件下的水文模型生成的，在获得了真实的模型输出后，叠加真实输出和生成的观测噪声得到含有观测噪声的观测系列（假设观测值包含的噪声为加性噪声）：

$$Y = Y_{\text{true}} + \varepsilon_Y \tag{3-11}$$

式中：Y 为含有噪声的观测系列；ε_Y 是噪声系列，假定是均值为0、标准差为 $\sqrt{10}$ m^3/s 的白噪声；Y_{true} 是不含噪声的真实模型输出，其计算过程可用以下等式表示：

$$Y_{\text{true}} = g(w_{\text{true}}, u_{\text{true}}, IC_{\text{true}}) \tag{3-12}$$

式中：w_{true} 为真实模型参数；u_{true} 为真实模型输入；IC_{true} 为真实初始条件。如图3-1所示为理想实验验证中生成真实值的计算流程示意图。

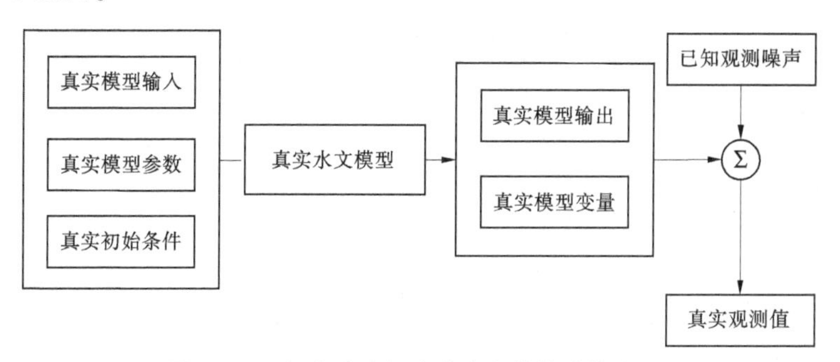

图 3-1 理想实验验证生成真实值的计算流程

其中使用的真实模型输入、真实模型参数和真实初始条件如下：

(1)面平均降水和蒸发皿蒸发量数据。

如图 3-2 所示为理想实验验证中模型使用的面平均降水和蒸发皿蒸发量数据,左侧纵坐标轴为降水数据,右侧纵坐标轴为蒸发皿蒸发量,横坐标轴为时间。

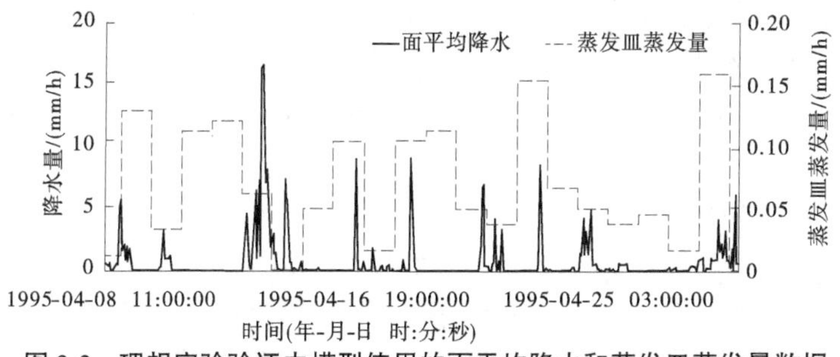

图 3-2 理想实验验证中模型使用的面平均降水和蒸发皿蒸发量数据

(2)模型参数。

如表 3-1 所示为理想实验验证中使用的模型参数。

(3)模型初始条件。

表 3-2 所示为理想实验验证模型初始条件的真实值。

表 3-2　理想实验验证模型初始条件的真实值

符号	模型变量	单位	值
W	土壤含水量	mm	60
QS	地表径流流量	m^3/s	50
QI	壤中流流量	m^3/s	50
QG	地下径流流量	m^3/s	50
Q. MSK. 1	马斯京根法子河段节点流量	m^3/s	50
Q. MSK. 2		m^3/s	50
Q. MSK. 3		m^3/s	50

在使用上述模型输入、真实参数和真实初始条件获得了真实观测值之后，在设定的取值范围内[见式(3-14)和式(3-15)]随机生成 100 组随机初始条件，然后使用改进得到的系统响应误差修正方法对随机生成的初始条件进行修正，并将修正后的初始条件代入模型重新计算，最后对改进方法进行应用效果评价。如图 3-3 所示为理想实验验证方法有效性的流程。

结合图 3-3，理想实验验证测试修正效果的主要步骤总结如下：

(1) 使用真实参数、真实输入数据和真实初始条件运行水文模型，获得真实模型输出和真实模型变量；

(2) 随机生成 100 组初始条件，并获得该随机初始条件对应的模型输出系列，这一步中只有真实初始条件被随机生成的一组初始条件替换，其他部分保持不变；

(3) 修正每一组随机生成的初始条件，代入模型重新计算。

上述步骤中，数值仿真实验中使用的 100 组随机初始条件使用下式生成为

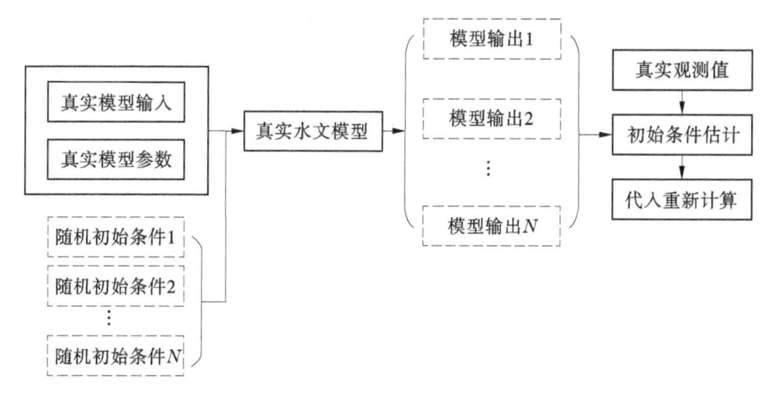

图3-3　理想实验验证方法有效性流程示意图

$$\boldsymbol{\chi}_0^i = \boldsymbol{\omega}_i \cdot (\boldsymbol{ub}_x - \boldsymbol{lb}_x) + \boldsymbol{lb}_x \quad i = 1,2,\cdots,N \tag{3-13}$$

式中：$\boldsymbol{\chi}_0^i$ 为生成的第 i 组随机初始条件；$\boldsymbol{\omega}_i$ 为第 i 组随机初始条件对应的权重（$0 \leqslant \boldsymbol{\omega}_i \leqslant 1$），权重的采样过程使用拉丁超立方采样方法；$N$ 为随机初始条件的组数，这里 $N = 100$；$\boldsymbol{lb}_x$ 和 $\boldsymbol{ub}_x$ 分别为随机采样区间的上限和下限，上限和下限由式（3-14）和式（3-15）给定：

$$\boldsymbol{lb}_x = [0 \quad 0 \quad 0 \quad 0 \quad 0 \quad 0 \quad 0]^{\mathrm{T}} \tag{3-14}$$

$$\boldsymbol{ub}_x = [120 \quad 100 \quad 100 \quad 100 \quad 100 \quad 100 \quad 100]^{\mathrm{T}} \tag{3-15}$$

拉丁超立方采样方法属于分层采样方法，与传统的蒙特卡洛随机采样方法相比，拉丁超立方采样方法使用较小的采样规模即可完成对整个采样区间的有效覆盖，方法的采样效率和稳健性相对较高。

以本书中使用的新安江模型的模型结构为例，初始条件 $\boldsymbol{X}_0$ 可以写作：

$$\boldsymbol{X}_0 = [\mathrm{W}_0 \quad \mathrm{QS}_0 \quad \mathrm{QI}_0 \quad \mathrm{QG}_0 \quad \mathbf{MSK}_0] \tag{3-16}$$

式中：W_0 是初始土壤含水量，mm；QS_0 是初始地表径流流量，$\mathrm{m^3/s}$；QI_0 是初始壤中流流量，$\mathrm{m^3/s}$；QG_0 是初始地下径流流量，

m^3/s；$\mathbf{MSK}_0$ 是马斯京根法各个子河段的初始演算流量构成的向量，m^3/s，向量内的元素个数取决于马斯京根法的子河段个数。

3.2.4　实际流域应用

实际流域验证选取福建省邵武流域（属于闽江流域）和辽宁省柴河流域（属于辽河流域）多个场次的历史洪水资料对方法有效性进行测试。两个流域均使用集总式新安江模型进行建模，观测资料时间步长和模型运行步长均为 1 h。与理想实验验证类似，首先使用本章提出的改进方法对次洪模拟中新安江模型初始条件进行修正，然后将修正后的初始条件代入模型重新计算。

3.2.4.1　研究区域

闽江是福建省最大的河流，发源于武夷山脉。邵武流域位于闽江流域西部，地处我国东南部。闽江流域属热带季风气候，气候湿润，雨量充沛，流域内各雨量站多年平均降水量在 1 500~2 000 mm，属于我国湿润地区。降水时空分布不均，年际变化大且年内分布不均，降雨主要集中在 4—9 月，一般 6 月降水量最多。邵武流域控制面积约为 2 745 km^2，流域地形以山地为主，植被覆盖良好。

柴河流域是辽河流域的子流域，位于辽宁省铁岭市。辽河地处我国东北地区，是中国七大河流之一。辽河流域属温带季风气候，降水多集中在夏季，属于我国半湿润地区。柴河发源于辽宁清原县北乐山，是辽河左侧较大支流，河长为 143 km。柴河流域年降水量为 490~1 120 mm，多年平均降水量为 737 mm。降水时空分布不均，全年降水主要集中在夏季，7 月和 8 月降水量占全年降水量的 48%，每年汛期 6—9 月降水量大约占全年降水量的 75%。流域控制面积约为 1 355 km^2。流域地形以丘陵和山地为主，流域地势东南高、西北低，主要土壤类型为棕壤，植被覆盖较好。

3.2.4.2　资料情况

模型使用的数据是次洪/洪水摘录的形式，模型输入数据包括地面观测降水量和蒸发皿蒸发量,模型计算输出为计算蒸发量和流域出口断面计算流量。模型降水输入数据和流域出口断面流量观测值时间步长均为1 h,原始蒸散发数据的时间步长为1 d,本书中将日数据除以24转换为小时数据。新安江模型参数率定过程参照文献[185]、[186],部分不敏感参数的值(B、C、IMP 和 EX)通过经验直接给定。由于在前期研究中已经使用新安江模型在邵武流域和柴河流域进行建模,这里不再赘述,详细情况参见文献[177]、[178]、[187]。

3.2.5　评价指标

本研究中使用均方根误差(root-mean-square-error,RMSE)和Nash-Sutcliffe系数(Nash-Sutcliffe efficiency,NSE)定量评价效果,计算公式见式(3-17)和式(3-18)。

$$\mathrm{RMSE}=\sqrt{\frac{1}{N}\sum_{i=1}^{N}(\hat{y}_i-y_i)^2} \tag{3-17}$$

式中:N 为样本个数;y_i 和 $\hat{y}_i$ 分别为系列中第 i 个观测值和第 i 个模型计算值。

NSE系数是水文学领域常用的评价水文模型模拟效果的无量纲评价指标,其值在[$-\infty$,1]变动,其计算公式如下:

$$\mathrm{NSE}=1-\frac{\sum_{i=1}^{N}(\hat{y}_i-y_i)^2}{\sum_{i=1}^{N}(\mu_y-y_i)^2} \tag{3-18}$$

式中:μ_y 为观测值系列的均值。

NSE值越大,表明模型输出系列与其对应的观测系列拟合程度越高,当NSE小于等于0时,则表明模型计算的效果并不比使用观测系列平均值作为预测的效果更好;当NSE等于1时,则表明模型输出系列与观测系列完美匹配。

3.3 结果分析

3.3.1 理想实验结果分析

图 3-4 所示为 I-SR 修正效果(模型输出的 RMSE)随可用观测值数量逐渐增加的变化情况。

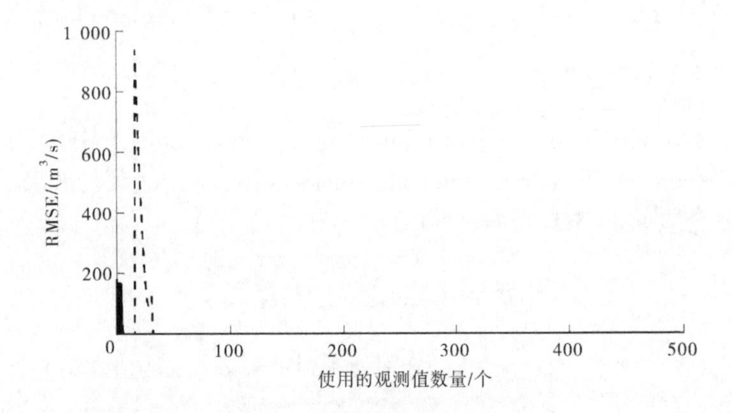

图 3-4　修正后的初始条件重新计算得到的流量过程的 RMSE 随观测数据数量增加的变化情况

观察图 3-4 可知,随着方法使用观测数据数量的增加,100 组 RMSE 系数总体上有明显的逐渐降低趋势。当使用的观测值小于等于 6 个时,RMSE 变化不大;随着观测数据的增加(大于等 7 个),100 组 RMSE 系数迅速减小并逐渐收敛,当观测数据的总数量超过约 30 个时,RMSE 趋于稳定(100 组随机初始条件的结果几乎收敛于同一个值),此时 RMSE 趋近于 0。上述结果表明,I-SR 方法修正效果有随着使用的观测值数据增加而增加的趋势。为了进一步分析初始条件中每一个变量的修正效果与使用的观测数据数量之间的关系,图 3-5～图 3-10 分别为初始条件中修正后

W 的初始值、QS 的初始值、QI 的初始值、QG 的初始值、Q. MSK. 1 的初始值和 Q. MSK. 2 的初始值随使用观测数据数量增加的变化情况。

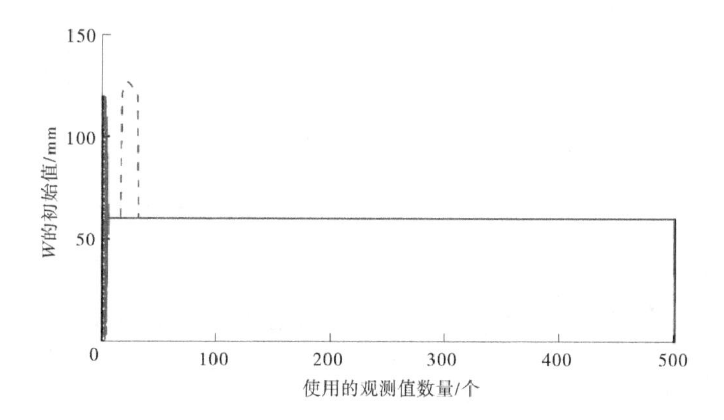

图 3-5　修正后的初始土壤含水量随观测数据数量增加的变化情况

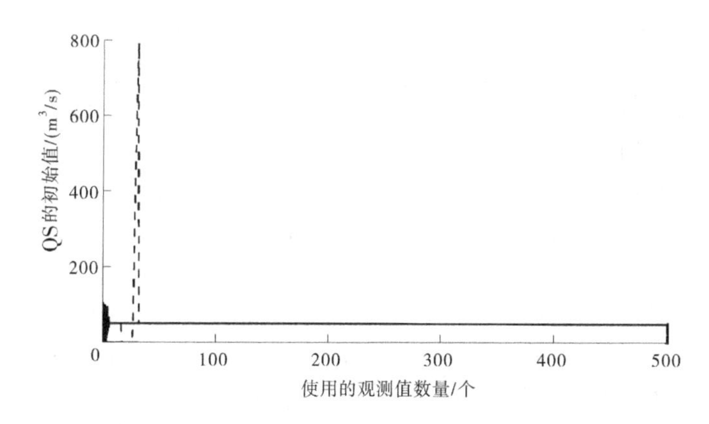

图 3-6　修正后的初始 QS 随观测数据数量增加的变化情况

与 RMSE 随观测数据增加的变化情况类似，在观测数据的数量超过约 30 个时，修正后初始条件中的每一个模型变量几乎收敛

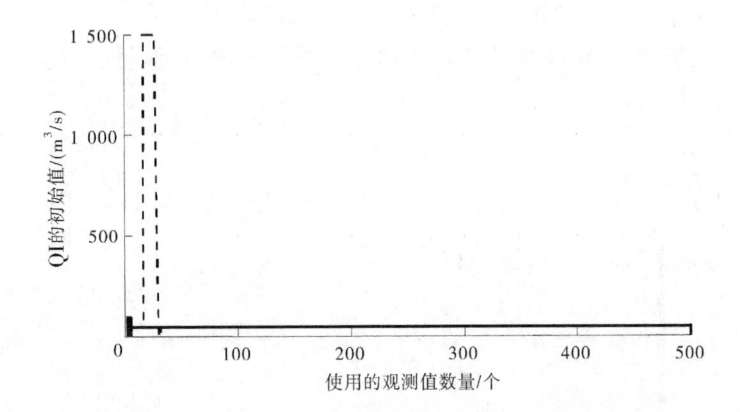

图 3-7　修正后的初始 QI 随观测数据数量增加的变化情况

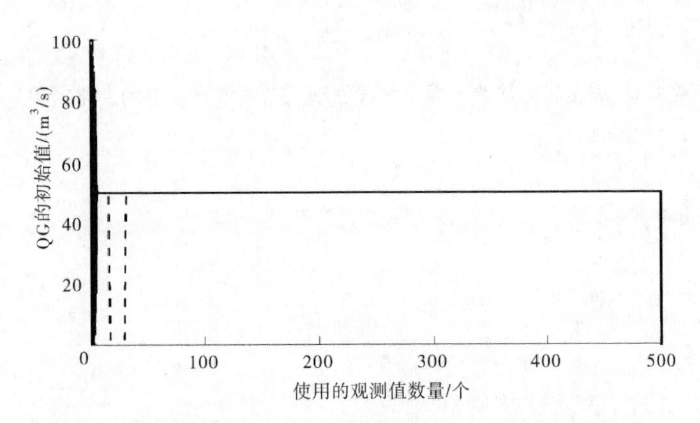

图 3-8　修正后的初始 QG 随观测数据数量增加的变化情况

于其各自的真实值。在此之前，修正后初始条件中的每一个模型变量逐渐向其各自的真实值靠近，存在一定的波动。

3.3.2　实际流域应用结果分析

为了验证 I-SR 方法的实际应用效果，表 3-3 所示为邵武流域和柴河流域的统计情况。表 3-3 中“NSE. 原始. 邵武”表示和

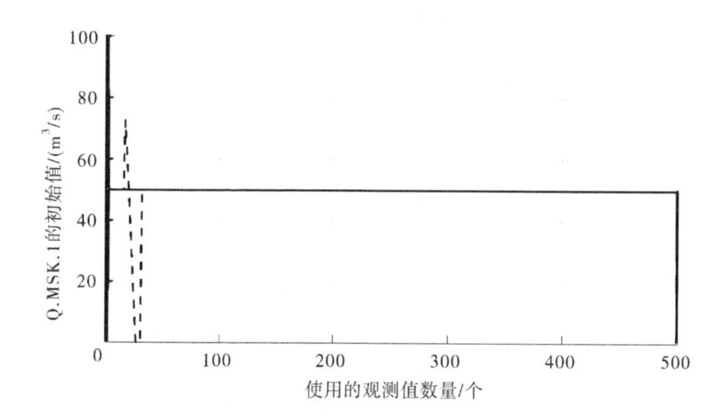

图 3-9　修正后的 Q. MSK. 1 随观测数据增加的变化情况

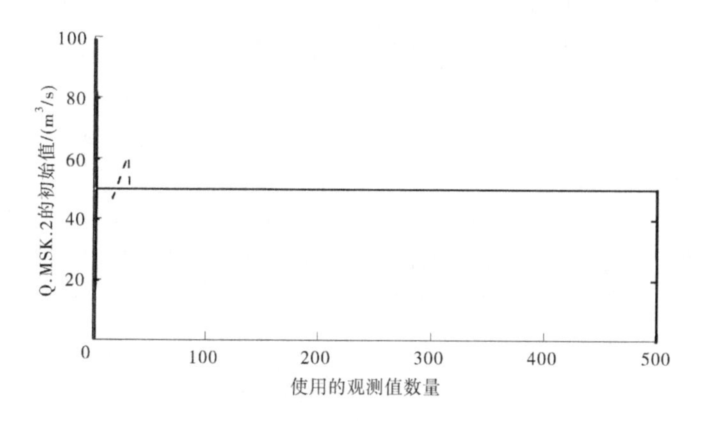

图 3-10　修正后的 Q. MSK. 2 随观测数据增加的变化情况

“NSE. 修正. 邵武”分别表示邵武流域原始和修正后的 NSE 值；“NSE. 原始. 柴河”表示和“NSE. 修正. 柴河”分别表示柴河流域原始和修正后的 NSE 值；“NSE. 原始. 全部”表示和“NSE. 修正. 全部”分别表示两个流域原始和修正后的 NSE 值的平均结果。

表 3-3　实际流域修正效果统计(邵武流域和柴河流域)

项目	NSE. 原始. 邵武	NSE. 修正. 邵武	NSE. 原始. 柴河	NSE. 修正. 柴河	NSE. 原始. 全部	NSE. 修正. 全部
最小值	0.651	0.716	0.697	0.748	0.651	0.716
最大值	0.953	0.965	0.921	0.971	0.953	0.971
平均值	0.818	0.893	0.808	0.870	0.813	0.883
中位数	0.831	0.912	0.810	0.883	0.813	0.890
标准差	0.091	0.066	0.064	0.063	0.080	0.065

由表 3-3 可知,I-SR 方法通过修正初始条件显著提高了模型的计算效果。邵武流域 NSE 平均值由修正前的 0.818 上升到修正后的 0.893,邵武流域 NSE 中位数由修正前的 0.831 上升到修正后的 0.912;柴河流域 NSE 平均值由修正前的 0.808 上升到修正后的 0.870,柴河流域 NSE 中位数由修正前的 0.810 上升到修正后的 0.883;两个流域 NSE 平均值由修正前的 0.813 上升到修正后的 0.883,两个流域 NSE 中位数由修正前的 0.813 上升到修正后的 0.890。

图 3-11 进一步比较了本章提出的自适应正则化迭代系统响应方法(NSE. I-SR)和现有的正则化系统响应方法的修正效果(NSE. R-SR)。

图 3-11 中数据点均位于 1∶1线的左上方,这表明 I-SR 方法修正效果要全面优于 R-SR 方法的修正效果,其主要原因是 I-SR 方法将整个求解过程分解为若干个子过程,提高了非线性条件下方法求解修正量的精度。

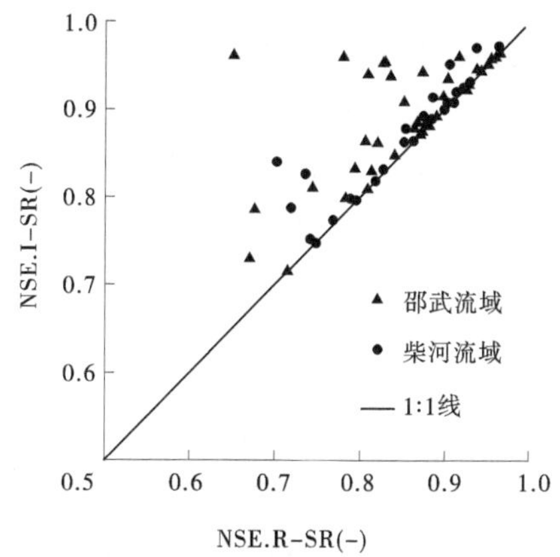

图3-11　自适应正则化迭代系统响应方法修正初始条件计算得到的NSE与R-SR方法修正初始条件计算得到的NSE

3.4　小　结

为了提高非线性模型系统响应方法的修正效果,本章在现有方法的基础上,将非线性过程分解为若干个子过程,构建了系统响应方法的迭代形式以减少非线性模型线性化误差影响。为了解决迭代求解过程中的不稳定问题,为迭代形式引入了正则化技术。为了解决L曲线方法计算消耗大、不适用于迭代求解的问题,提出了计算量小且效果稳定的正则化参数自适应估计方法。将正则化参数自适应估计方法应用于系统响应方法的迭代形式,提出了实时洪水预报误差迭代系统响应修正方法(I-SR方法)。最后使用方法估计新安江模型的初始条件、使用数值实验和实际流域应用进行方法有效性验证。得到如下主要结论:

(1)数值实验结果表明,I-SR方法修正效果要明显优于R-SR

方法,且修正效果随可用的观测值数量的增加而增强。观测值较少时,I-SR 方法修正效果存在一定的波动,随着方法可用的观测值越来越多,I-SR 方法修正效果逐渐上升并趋于稳定。

(2)实际流域应用结果表明,R-SR 方法和 I-SR 方法都能通过修正初始条件提高模型效果,I-SR 方法修正效果要优于 R-SR 方法。

第 4 章　自适应变遗忘因子序贯系统响应方法

4.1　概　述

现有研究和第 3 章 I-SR 方法核心思想都是使用观测向量(残差向量)估计模型初始条件,然后使用新的初始条件重新计算以提高模型效果,其原理如图 4-1 所示。

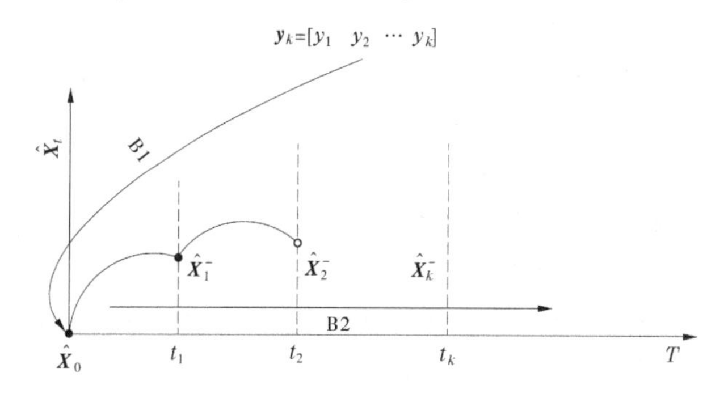

图 4-1　初始条件估计-重新计算过程原理示意图

图 4-1 中纵轴表示模型状态(由模型变量构成);横轴表示时间;$\boldsymbol{y}_k$ 表示观测值($y_1,y_2,\cdots,y_k$)构成的观测向量; $\hat{\boldsymbol{X}}_0$ 表示初始条件; $\hat{\boldsymbol{X}}_k^-$ 表示 k 时刻的预测模型状态,由水文模型根据上一时刻的模型状态 $\hat{\boldsymbol{X}}_{k-1}^-$ 和模型输入计算得到。

上述方法都是通过最新观测向量 $\boldsymbol{y}_k$ 反演模型初始条件

(“B1”过程),然后利用更新后的模型初始条件重新计算以提高模型效果(“B2”过程)。由图4-1可知,每一个时刻的模型变量都是未来的初始条件。例如,对于k时刻($k>2$)而言,$\hat{\boldsymbol{X}}_0$,$\hat{\boldsymbol{X}}_1^-$和$\hat{\boldsymbol{X}}_2^-$等都可以看作其初始条件。对于某一特定时刻的模型变量而言,随着模型向未来计算的时段越来越多,其对后续模型计算结果的影响也越来越小(如$\hat{\boldsymbol{X}}_0$对$\hat{\boldsymbol{X}}_k^-$的影响程度要大于$\hat{\boldsymbol{X}}_0$对$\hat{\boldsymbol{X}}_{k+1}^-$的影响程度)。因此,考虑到不同时段模型变量对未来计算结果的影响作用差异,需要对模型变量进行实时修正以获得持续的修正效果,即每有一个新的观测值可用时,对本时刻的多个模型变量(未来的初始条件)进行新一次的修正(如在$k-1$时刻修正$\hat{\boldsymbol{X}}_{k-1}^-$,$k$时刻修正$\hat{\boldsymbol{X}}_k^-$)。

每次获得新的初始条件估计$\hat{\boldsymbol{X}}_0$后,为了获得当前时刻(设为k时刻)的模型变量$\hat{\boldsymbol{X}}_k^-$,都需要使用该初始条件重新计算到当前时刻(从初始时刻计算到k时刻)。随着观测值越来越多,这一过程带来的计算消耗也将随之增大。另外,每当有一个新观测值可用时,方法都需要扩展观测向量,观测向量维度不断增大也会增加修正方法的计算消耗。上述问题的根源在于现有的系统响应方法及其改进属于批估计方法,解决这一问题的关键在于构建系统响应方法的序贯估计形式。序贯估计可以利用上一次的估计结果和最新的观测值得到最新的估计结果,这就缓解了重新计算和扩展观测向量带来的计算消耗问题。系统响应方法的序贯估计形式可以利用上一次的模型变量修正量估计结果和最新的观测值估计本次的模型变量修正量,从而实现模型变量的实时修正。系统响应方法的序贯形式同样会受到前面两个章节中线性化误差问题和不稳定问题的影响,因此同样需要引入正则化方法和连续线性化过程。另外,为了使方法具有应对环境变化的能力,需要引入自适应变遗忘因子动态估计方法。

综上所述,本章将从系统响应方法的基本结构出发,推导系统响应方法的序贯形式,实现模型变量修正量的实时估计。在序贯形式基础上,引入正则化项和算法重置结构以应对不稳定问题,引入自适应变遗忘因子动态估计方法以提高方法应对环境变化的能力。在此基础上,为每个时间步长引入局部迭代结构以克服线性化误差问题,提出自适应变遗忘因子序贯系统响应误差修正方法(MS-SR 方法),然后构建基于 MS-SR 方法的模型变量实时修正方法,最后使用数值实验和实际流域应用对方法有效性进行验证。

4.2　自适应变遗忘因子序贯系统响应方法

4.2.1　系统响应方法序贯形式

系统响应方法,R-SR 方法和 I-SR 方法的核心公式可以统一表述为:

$$(\boldsymbol{J}^{\mathrm{T}}\boldsymbol{J}+\lambda^{2}\boldsymbol{I})\boldsymbol{h}=-\boldsymbol{J}^{\mathrm{T}}\boldsymbol{f} \tag{4-1}$$

为了方便方法的推导,取 $\boldsymbol{y}=-\boldsymbol{f}$ 和 $\lambda=0$ 对式(4-1)进行替换有(令 $\lambda=0$ 会使得正则化作用消失,下一节中会重新引入正则化项):

$$(\boldsymbol{J}^{\mathrm{T}}\boldsymbol{J})\boldsymbol{h}=\boldsymbol{J}^{\mathrm{T}}\boldsymbol{y} \tag{4-2}$$

即 $\boldsymbol{h}$ 的解为:

$$\boldsymbol{h}=(\boldsymbol{J}^{\mathrm{T}}\boldsymbol{J})^{-1}\boldsymbol{J}^{\mathrm{T}}\boldsymbol{y} \tag{4-3}$$

假设根据观测值得到的残差向量 $\boldsymbol{y}_1$(包含 m 个元素)为:

$$\boldsymbol{y}_1=[y_{11}\quad y_{12}\quad \cdots \quad y_{1m}]^{\mathrm{T}} \tag{4-4}$$

式(4-3)利用 $\boldsymbol{y}_1$ 计算得到的解为:

$$\boldsymbol{h}_1=(\boldsymbol{J}_1^{\mathrm{T}}\boldsymbol{J}_1)^{-1}\boldsymbol{J}_1^{\mathrm{T}}\boldsymbol{y}_1 \tag{4-5}$$

假设又有残差向量 $\boldsymbol{y}_2$(k 维):

$$\boldsymbol{y}_2 = [y_{21} \quad y_{22} \quad \cdots \quad y_{2k}]^{\mathrm{T}} \tag{4-6}$$

如果同时获得上述两个残差向量,则此时可用的观测值可组成新的残差向量 $\boldsymbol{y} = [\boldsymbol{y}_1 \quad \boldsymbol{y}_2]^{\mathrm{T}}$,则对应解为:

$$\boldsymbol{h}_2 = (\boldsymbol{J}^{\mathrm{T}}\boldsymbol{J})^{-1}\boldsymbol{J}^{\mathrm{T}}\boldsymbol{y} \tag{4-7}$$

式中 $\boldsymbol{J}$ 的表达式为:

$$\boldsymbol{J} = [\boldsymbol{J}_1 \quad \boldsymbol{J}_2]^{\mathrm{T}} \tag{4-8}$$

将式(4-8)代入式(4-7)并展开式(4-7),有:

$$\boldsymbol{h}_2 = (\boldsymbol{J}_1^{\mathrm{T}}\boldsymbol{J}_1 + \boldsymbol{J}_2^{\mathrm{T}}\boldsymbol{J}_2)^{-1}(\boldsymbol{J}_1^{\mathrm{T}}\boldsymbol{y}_1 + \boldsymbol{J}_2^{\mathrm{T}}\boldsymbol{y}_2) \tag{4-9}$$

从原理上讲,每获得一组新的观测值,我们都可以利用式(4-9)进行计算。本章的目的是充分利用旧的估计结果,并结合最新的观测值,得到最新的估计结果。为此,首先假设观测向量 $\boldsymbol{y}_1$ 是第一批次观测数据,$\boldsymbol{y}_2$ 是第二批次观测数据。为了获得方法的序贯形式,首先定义 $\boldsymbol{P}_1$ 如下:

$$\boldsymbol{P}_1 = (\boldsymbol{J}_1^{\mathrm{T}}\boldsymbol{J}_1)^{-1} \tag{4-10}$$

再定义 $\boldsymbol{P}_2$ 如下:

$$\boldsymbol{P}_2 = (\boldsymbol{J}_1^{\mathrm{T}}\boldsymbol{J}_1 + \boldsymbol{J}_2^{\mathrm{T}}\boldsymbol{J}_2)^{-1} \tag{4-11}$$

假设 $\boldsymbol{P}_1$ 和 $\boldsymbol{P}_2$ 均可逆,则 $\boldsymbol{P}_2$ 可以表达为以 $\boldsymbol{P}_1$ 的递推形式:

$$\boldsymbol{P}_2^{-1} = \boldsymbol{P}_1^{-1} + \boldsymbol{J}_2^{\mathrm{T}}\boldsymbol{J}_2 \tag{4-12}$$

将式(4-10)和式(4-12)代入式(4-9),有:

$$\boldsymbol{h}_2 = \boldsymbol{P}_2(\boldsymbol{J}_1^{\mathrm{T}}\boldsymbol{y}_1 + \boldsymbol{J}_2^{\mathrm{T}}\boldsymbol{y}_2) \tag{4-13}$$

为了获得完整的递推表达式(即将 $\boldsymbol{h}_2$ 表达为 $\boldsymbol{h}_1$ 的函数),还需要在式(4-13)中将 $\boldsymbol{h}_1$ 以显式形式表示出来,将式(4-5)左乘 $\boldsymbol{P}_1^{-1}$(即 $\boldsymbol{J}_1^{\mathrm{T}}\boldsymbol{J}_1$):

$$\boldsymbol{P}_1^{-1}\boldsymbol{h}_1 = \boldsymbol{J}_1^{\mathrm{T}}\boldsymbol{y}_1 \tag{4-14}$$

将式(4-12)改写成 $\boldsymbol{P}_1^{-1}$ 的表达式:

$$\boldsymbol{P}_1^{-1} = \boldsymbol{P}_2^{-1} - \boldsymbol{J}_2^{\mathrm{T}}\boldsymbol{J}_2 \tag{4-15}$$

将式(4-15)代入式(4-14),有:

$$(\boldsymbol{P}_2^{-1}-\boldsymbol{J}_2^{\mathrm{T}}\boldsymbol{J}_2)\boldsymbol{h}_1=\boldsymbol{J}_1^{\mathrm{T}}\boldsymbol{y}_1 \tag{4-16}$$

式(4-16)右端是式(4-13)右端括号内的第一项,因此将式(4-16)右端代入式(4-13),得到:

$$\boldsymbol{h}_2=\boldsymbol{P}_2[(\boldsymbol{P}_2^{-1}-\boldsymbol{J}_2^{\mathrm{T}}\boldsymbol{J}_2)\boldsymbol{h}_1+\boldsymbol{J}_2^{\mathrm{T}}\boldsymbol{y}_2] \tag{4-17}$$

整理式(4-17)有:

$$\boldsymbol{h}_2=\boldsymbol{h}_1-\boldsymbol{P}_2\boldsymbol{J}_2^{\mathrm{T}}\boldsymbol{J}_2\boldsymbol{h}_1+\boldsymbol{P}_2\boldsymbol{J}_2^{\mathrm{T}}\boldsymbol{y}_2 \tag{4-18}$$

令 $\boldsymbol{P}_2\boldsymbol{J}_2^{\mathrm{T}}=\boldsymbol{K}$,将其代入上式,整理得:

$$\boldsymbol{h}_2=\boldsymbol{h}_1+\boldsymbol{K}(\boldsymbol{y}_2-\boldsymbol{J}_2\boldsymbol{h}_1) \tag{4-19}$$

分析式(4-19)可知, $\boldsymbol{J}_2$ 是本时段雅克比矩阵,为已知量; $\boldsymbol{y}_2$ 为最新观测向量,为已知量; $\boldsymbol{h}_1$ 是使用旧观测向量 $\boldsymbol{y}_1$ 获得的估计结果,为已知量;$\boldsymbol{K}$ 是由本时刻 $\boldsymbol{P}$ 矩阵($\boldsymbol{P}_2$)和 $\boldsymbol{J}_2$ 计算得到的, $\boldsymbol{P}_2$ 是由本时刻 $\boldsymbol{J}_2$ 和上一时刻 $\boldsymbol{P}$ 矩阵($\boldsymbol{P}_1$)计算得到的,也是已知量。因此,式(4-19)给出了基于上一次估计的相关信息(使用$\boldsymbol{y}_1$ 的估计结果$\boldsymbol{h}_1$)和本次测量向量 $\boldsymbol{y}_2$ 给出本次估计的方法。为了对上述递推关系进行推广,引入表示时间的下标,可以得到基于第 $k-1$ 次修正量的估计值估计第 k 次修正量公式:

$$\boldsymbol{h}_k=\boldsymbol{h}_{k-1}+\boldsymbol{K}_k(\boldsymbol{y}_k-\boldsymbol{J}_k\boldsymbol{h}_{k-1}) \tag{4-20}$$

式中: $\boldsymbol{h}_k$ 和 $\boldsymbol{h}_{k-1}$ 分别为第 k 次估计和第 $k-1$ 次估计结果; $\boldsymbol{y}_k$ 为第 k 次的测量; $\boldsymbol{J}_k$ 为第 k 次的雅可比矩阵; $\boldsymbol{K}_k$ 可表示为:

$$\boldsymbol{K}_k=\boldsymbol{P}_k\boldsymbol{J}_k^{\mathrm{T}} \tag{4-21}$$

式中:第 k 次的 $\boldsymbol{P}_k$ 由第 $k-1$ 次的计算结果 $\boldsymbol{P}_{k-1}$ 以递推的形式给出:

$$\boldsymbol{P}_k^{-}=\boldsymbol{P}_{k-1}^{-}+\boldsymbol{J}_k^{\mathrm{T}}\boldsymbol{J}_k \tag{4-22}$$

至此,在推导过程中并未对观测向量 $\boldsymbol{y}_k$ 和 $\boldsymbol{y}_{k-1}$ 的维度(观测值的数量)加以限制,因此方法可以根据实际需要调整使用的观测向量形式以灵活处理观测数据。本章研究的目标是逐个处理观测值(“一个接一个的”),因此令 $\boldsymbol{y}_k$ 和 $\boldsymbol{y}_{k-1}$ 仅包含一个元素,即

$$\boldsymbol{y}_k = [y_k] \tag{4-23}$$

和

$$\boldsymbol{y}_{k-1} = [y_{k-1}] \tag{4-24}$$

则式(4-20)变为:

$$\boldsymbol{h}_k = \boldsymbol{h}_{k-1} + \boldsymbol{K}_k(y_k - \boldsymbol{J}_k\boldsymbol{h}_{k-1}) \tag{4-25}$$

观察式(4-22),注意到每次递推求解 $\boldsymbol{P}_k$ 时都需要反复求逆,为了简化上述计算过程,对式(4-22)使用矩阵求逆引理:

$$\boldsymbol{P}_k = \boldsymbol{P}_{k-1} - \boldsymbol{P}_{k-1}\boldsymbol{J}_k^{\mathrm{T}}(\boldsymbol{J}_k\boldsymbol{P}_{k-1}\boldsymbol{J}_k^{\mathrm{T}} + \boldsymbol{I})^{-1}\boldsymbol{J}_k\boldsymbol{P}_{k-1} \tag{4-26}$$

将式(4-26)代入式(4-21),整理后得到:

$$\boldsymbol{K}_k = \frac{\boldsymbol{P}_{k-1}\boldsymbol{J}_k^{\mathrm{T}}}{\boldsymbol{J}_k\boldsymbol{P}_{k-1}\boldsymbol{J}_k^{\mathrm{T}} + \boldsymbol{I}} \tag{4-27}$$

再把 $\boldsymbol{K}_k$ 的表达式代入式(4-26),得到:

$$\boldsymbol{P}_k = \boldsymbol{P}_{k-1} - \boldsymbol{K}_k\boldsymbol{J}_k\boldsymbol{P}_{k-1} \tag{4-28}$$

为了清楚地区分本章中的方法与第 2 章和第 3 章中的改进方法,同时方便后面的叙述,下面将可能导致概念混淆的符号统一替换为新的符号,具体规定如下:

(1)使用 $\hat{\boldsymbol{w}}(k)$ 替换 $\boldsymbol{h}_k$,在 $\boldsymbol{h}_k$ 中下标 k 表示时间,在 $\hat{\boldsymbol{w}}(k)$ 中括号中的数字表示时间,新符号上方的折线表示这个值是估计值(不是真实值),对应的真实值为 $\boldsymbol{w}(k)$;

(2)使用 $d(k)$ 替换 y_k;

(3)令 $\boldsymbol{u}^{\mathrm{T}}(k) = \boldsymbol{J}_k$。

利用以上替换,式(4-25)转换为:

$$\hat{\boldsymbol{w}}(k) = \hat{\boldsymbol{w}}(k-1) + \boldsymbol{K}(k)\xi(k) \tag{4-29}$$

式中:$\xi(k)$ 使用式(4-30)计算:

$$\xi(k) = d(k) - \boldsymbol{u}^{\mathrm{T}}(k)\hat{\boldsymbol{w}}(k-1) \tag{4-30}$$

由于 $\boldsymbol{u}^{\mathrm{T}}(k)\hat{\boldsymbol{w}}(k-1)$ 的结果是标量,所以上式又可写作:

$$\hat{\boldsymbol{w}}(k)=\hat{\boldsymbol{w}}(k-1)+\boldsymbol{K}(k)[d(k)-\hat{\boldsymbol{w}}^{\mathrm{T}}(k-1)\boldsymbol{u}(k)] \tag{4-31}$$

类似地,对式(4-27)和式(4-28)进行改写,得到以下两式:

$$\boldsymbol{K}(k)=\frac{\boldsymbol{P}(k-1)\boldsymbol{u}(k)}{\boldsymbol{u}^{\mathrm{T}}(k)\boldsymbol{P}(k-1)\boldsymbol{u}(k)+I} \tag{4-32}$$

$$\boldsymbol{P}(k)=\boldsymbol{P}(k-1)-\boldsymbol{K}(k)\boldsymbol{u}^{\mathrm{T}}(k)\boldsymbol{P}(k-1) \tag{4-33}$$

至此已经得到基于第 $k-1$ 次修正量估计 $\hat{\boldsymbol{w}}(k-1)$ 和第 k 次的测量值 $d(k)$ 递推求解第 k 次修正量估计 $\hat{\boldsymbol{w}}(k)$ 的流程。由第 2 章和第 3 章的研究可知,系统响应方法可能受到不稳定问题和非线性问题的影响。为此,4. 2. 2 节将在本节内容基础上,为方法引入正则化项和算法重置功能。此外,4. 2. 2 节还将引入变遗忘因子及变遗忘因子自适应估计方法以使得方法具有应对环境变化的能力。

4. 2. 2　引入正则化和自适应变遗忘因子

从原理上来看,系统响应方法目标是最小化残差平方和如下:

$$G(n)=\sum_{i=1}^{n}e(i)^2 \tag{4-34}$$

式中:$e(i)$ 为 i 时刻模型计算误差。

式(4-34)形式的目标函数实际上认为由每个观测值计算得到的误差具有相同的权重,因此可以通过设计并控制 $e(i)$ 对应的权重来决定其在残差平方和中所起到的作用,权重越大,其对残差平方和的影响越大。为了使方法对较新的观测值更为敏感,在式(4-34)的残差平方和加入指数形式的权重:

$$G(n)=\sum_{i=1}^{n}\lambda^{n-i}e(i)^2 \tag{4-35}$$

式中:λ 为一个小于 1 且接近于 1 的正数,当 $\lambda=1$ 时,目标函数退化为式(4-34)形式的残差平方和。

由式(4-35)可知,观测数据越旧(i 越小),权重 λ^{n-i} 越小,此时旧观测数据对残差平方的影响就越小;观测数据越新(i 越大),权重 λ^{n-i} 越大,此时旧的观测数据对残差平方的影响越小。因此,引入上述权重之后,随着数据的越来越多,旧数据影响越来越小。事实上,调整使用观测向量长度(观测数据时间窗口)是这种方法的特殊情况,令一部分 $e(i)$ 的权重为0以达到控制使用的观测数据个数的目的。为了将遗忘因子设计融入到4.2.1节得到的递推形式中,对式(4-35)进行改写:

$$G(n)=\boldsymbol{e}^{\mathrm{T}}(n)\boldsymbol{\Lambda}(n)\boldsymbol{e}(n) \tag{4-36}$$

式中:$\boldsymbol{e}(n)$ 是残差向量,即 $\boldsymbol{e}(n)=[e(1)\quad e(2)\quad \cdots\quad e(n)]^{\mathrm{T}}$;$\boldsymbol{\Lambda}(n)$ 是指数形式的加权因子构成的对角矩阵,即

$$\boldsymbol{\Lambda}(n)=\begin{bmatrix} \lambda^{n-1} & 0 & 0 & \cdots & 0 \\ 0 & \lambda^{n-2} & 0 & \cdots & 0 \\ 0 & 0 & \lambda^{n-3} & \cdots & 0 \\ \vdots & \vdots & \vdots & & \vdots \\ 0 & 0 & 0 & \cdots & \lambda^{n-1} \end{bmatrix} \tag{4-37}$$

仿照基本形式推导过程,我们可以得到式(4-32)和式(4-33)的对应形式:

$$\boldsymbol{K}(k)=\frac{\boldsymbol{P}(k-1)\boldsymbol{u}(k)}{\boldsymbol{u}^{\mathrm{T}}(k)\boldsymbol{P}(k-1)\boldsymbol{u}(k)+\lambda\boldsymbol{I}} \tag{4-38}$$

$$\boldsymbol{P}(k)=\frac{1}{\lambda}[\boldsymbol{P}(k-1)-\boldsymbol{K}(k)\boldsymbol{u}^{\mathrm{T}}(k)\boldsymbol{P}(k-1)] \tag{4-39}$$

其他计算步骤与第4.2.1节中基本形式计算步骤一致。至此已经在构建的系统响应方法序贯形式的基础上引入了遗忘因子。为了应对方法可能遇到的不稳定问题,根据第3章的研究内容,为式(4-35)中的残差平方和引入正则化项 $\delta\lambda^{n}\|\boldsymbol{w}(n)\|_2^2$:

$$G(k)=\sum_{i=1}^{k}\lambda^{k-i}e(i)^2+\delta\lambda^{k}\|\boldsymbol{w}(k)\|_2^2 \tag{4-40}$$

式中：$\delta > 0$ 为正则化参数。

在式(4-40)中加入正则化项相当于将 $\boldsymbol{P}(k)$ 的逆矩阵 $\boldsymbol{\Phi}(k)$ [$\boldsymbol{\Phi}(k) = \boldsymbol{P}(k)^{-1}$]表示为：

$$\boldsymbol{\Phi}(k) = \sum_{i=1}^{k} \lambda^{k-i} \boldsymbol{u}^{\mathrm{T}}(i)\boldsymbol{u}(i) + \delta\lambda^{k}\boldsymbol{I} \tag{4-41}$$

展开式(4-41)，得到下式：

$$\boldsymbol{\Phi}(k) = \boldsymbol{u}^{\mathrm{T}}(k)\boldsymbol{u}(k) + \sum_{i=1}^{k-1} \lambda^{k-i} \boldsymbol{u}^{\mathrm{T}}(i)u(i) + \delta\lambda^{k}\boldsymbol{I} \tag{4-42}$$

注意到，式(4-42)右端两项实际上是 $\lambda\boldsymbol{\Phi}(k-1)$，进行替换得到如下递推公式：

$$\boldsymbol{\Phi}(k) = \boldsymbol{u}^{\mathrm{T}}(k)\boldsymbol{u}(k) + \lambda\boldsymbol{\Phi}(k-1) \tag{4-43}$$

与得到的式(4-46)过程类似，对其使用矩阵求逆引理，然后使用 $\boldsymbol{P}(k)$ 进行替换并整理：

$$\boldsymbol{P}(k) = \frac{1}{\lambda}[\boldsymbol{P}(k-1) - \boldsymbol{K}(k)\boldsymbol{u}^{\mathrm{T}}(k)\boldsymbol{P}(k-1)] \tag{4-44}$$

$$\boldsymbol{K}(k) = \frac{\boldsymbol{P}(k-1)\boldsymbol{u}(k)}{\boldsymbol{u}^{\mathrm{T}}(k)\boldsymbol{P}(k-1)\boldsymbol{u}(k) + \lambda\boldsymbol{I}} \tag{4-45}$$

至此已经为基本形式引入了遗忘因子和正则化项，在应用上述算法时，首先需要对 $\hat{\boldsymbol{w}}$ 和 $\boldsymbol{P}$ 进行初始化。其中 $\hat{\boldsymbol{w}}(0)$ 初值为待估计量的初始值，根据实际情况给定。$\boldsymbol{P}$ 的初值使用式(4-46)对其进行初始化：

$$\boldsymbol{P}(0) = \delta\boldsymbol{I} \tag{4-46}$$

式中：δ 为一个正的常数。

由式(4-43)可知，当 $\lambda < 1$ 时，正则化项 $\delta\lambda^{k}\boldsymbol{I}$ 作用[$\boldsymbol{\Phi}(0)$ 作用]将随着迭代次数 k 的增加而呈指数减小，正则化项补充先验信息的能力和抑制有害信息的能力越来越小。算法需要保持持续的正则项作用，为此在上述算法流程中加入了重新初始化 $\boldsymbol{P}$ 的功能。在迭代过程中，如果算法更新后模型的计算流量的绝对误差

的绝对值不小于原始的水文模型的计算流量的绝对误差的绝对值,则初始化 $\boldsymbol{P}$ 以恢复正则化项的作用。

至此已经得到了引入遗忘因子和正则化的多变量序贯系统响应方法的基本公式。较小的遗忘因子使得算法更重视最近的(较新的)观测样本(给予更大的权重),逐渐遗忘过去的旧数据样本。但遗忘因子的减小会使方法只考虑最近的信息,导致方法利用的观测信息量偏少。此外,一个小的遗忘因子还会使得正则化项的作用快速衰减,可能导致方法出现修正效果不稳定的情况。因此,需要在上述算法的基础上为方法引入遗忘因子动态估计方法。

现有的遗忘因子动态估计方法通常根据模型输出的均方误差或均方根误差等实现对遗忘因子的动态更新,其中较为典型的算法有梯度变遗忘因子估计方法和高斯-牛顿变遗忘因子估计方法。梯度变遗忘因子估计方法对噪声不敏感,具有一定的抗噪性能,但算法收敛速度相对较慢。为了提高算法的收敛速度,Song 等引入了使用高斯-牛顿法对算法进行改进,改进后的算法收敛速度明显提高,并且保留了梯度类算法的抗噪性能。在上述研究基础上,Paleologu 等从恢复有效信息角度出发,提出了一种鲁棒高效的变遗忘因子动态估计算法,该算法不仅保留两类算法的优点,还具有计算开销小的特点。根据文献[189],以下将对算法进行简单的推导并给出算法具体公式。分析式(4-30)可知,其实质是计算了先验误差(修正前的误差),假设已经得到了新的估计值 $\hat{\boldsymbol{w}}(k)$,则定义后验误差如下:

$$\varepsilon(k)=d(k)-\boldsymbol{u}^{\mathrm{T}}(k)\hat{\boldsymbol{w}}(k) \tag{4-47}$$

将式(4-29)代入式(4-30),有

$$\varepsilon(k)=\xi(k)\left[1-\boldsymbol{u}^{\mathrm{T}}(k)\boldsymbol{K}(k)\right] \tag{4-48}$$

将式(4-38)代入式(4-48),可得:

$$\varepsilon(k)=\xi(k)\left[1-\boldsymbol{u}^{\mathrm{T}}(k)\frac{\boldsymbol{P}(k-1)\boldsymbol{u}(k)}{\boldsymbol{u}^{\mathrm{T}}(k)\boldsymbol{P}(k-1)\boldsymbol{u}(k)+\lambda}\right] \tag{4-49}$$

令 $\boldsymbol{q}(k-1)=\boldsymbol{u}^{\mathrm{T}}(k)\boldsymbol{P}(k-1)\boldsymbol{u}(k)$,上式可写作:

$$\varepsilon(k)=\xi(k)\left[1-\frac{\boldsymbol{q}(k-1)}{\boldsymbol{q}(k-1)+\lambda}\right] \tag{4-50}$$

整理式(4-50),可得:

$$\frac{\varepsilon^2(k)}{\xi^2(k)}=\left[1-\frac{\boldsymbol{q}(k-1)}{\boldsymbol{q}(k-1)+\boldsymbol{\lambda}(k)}\right]^2 \tag{4-51}$$

对式(4-51)两端求期望,可得:

$$E\left\{\left[1-\frac{\boldsymbol{q}(k-1)}{\boldsymbol{q}(k-1)+\boldsymbol{\lambda}(k)}\right]^2\right\}=\frac{\varepsilon_v^2}{\xi_e^2(k)} \tag{4-52}$$

式中:ε_v^2 和 $\xi_e^2(k)$ 分别为后验误差和先验误差的方差。

假设输入系列和误差系列相互独立,求解式(4-52)可得遗忘因子的计算公式:

$$\lambda(k)=\frac{\sigma_q(k)\sigma_v}{\sigma_e(k)-\sigma_v} \tag{4-53}$$

实际情况下,式中 $\sigma_q(k)$, σ_v 和 $\sigma_e(k)$ 可使用下列递推公式进行估算:

$$\hat{\sigma}_q^2(k)=\alpha\hat{\sigma}_q^2(k-1)+(1-\alpha)q^2(k) \tag{4-54}$$

$$\hat{\sigma}_v^2(k)=\beta\hat{\sigma}_v^2(k-1)+(1-\beta)\xi^2(k) \tag{4-55}$$

$$\hat{\sigma}_e^2(k)=\alpha\hat{\sigma}_e^2(k-1)+(1-\alpha)e^2(k) \tag{4-56}$$

式中:$q(k)=\boldsymbol{u}^{\mathrm{T}}(k)\boldsymbol{P}(k-1)\boldsymbol{u}(k)$, α 和 β 为权重系数,分别使用如下公式进行估计:

$$\alpha=1-1/(K_\alpha L) \tag{4-57}$$

$$\beta=1-1/(K_\beta L) \tag{4-58}$$

式中:L 为待修正的模型变量个数,参数 K_α 和 K_β 根据实际情况给定,需满足如下关系:

$$K_\beta>K_\alpha\geqslant 2 \tag{4-59}$$

则变遗忘因子动态估计公式为:

$$\lambda(k)=\min\left\{\frac{\hat{\sigma}_q(k)\hat{\sigma}_v(k)}{\xi+\left|\hat{\sigma}_e(k)-\hat{\sigma}_v(k)\right|},\lambda_{\max}\right\} \tag{4-60}$$

式中：$\lambda(k)$ 为第 k 次迭代中算法估计得到的遗忘因子；$\lambda_{\max}$ 为遗忘因子上限，取 $\lambda_{\max}=0.998$；ξ 为一个小正数，其作用是防止迭代过程中出现分母为零的情况。

4.2.3　引入局部迭代结构

由第 3 章研究内容可知，水文模型非线性会影响线性化的精度，进而影响系统响应方法的效果。因此，需要为本章提出的改进方法引入迭代结构以保证改进方法在非线性情况下的效果。为此，根据第 3 章研究成果和参考文献[190]中迭代 EKF 使用的局部迭代结构，本书为算法每一个时刻的修正引入子迭代步骤，设计的局部迭代结构具体如下。

假设已经获得了 k 时刻模型变量修正量估计值 $\Delta\hat{\boldsymbol{X}}_k^0$，将该估计量作为 k 时刻的模型变量修正量估计值的初始值，使用该修正量修正的模型变量，然后利用修正后的模型变量重新进行线性化，重复 $\Delta\hat{\boldsymbol{X}}_k^0$ 的估计过程得到 $\Delta\hat{\boldsymbol{X}}_k^1$。重复以上过程，直到达到设定的退出迭代条件。为了避免子迭代过程为改进方法增加过多的计算负担和模型对观测值的过度拟合，本书要求每个时刻的子迭代过程总的迭代次数不超过 10 次，并且要求子迭代过程的每一次迭代均需保证模型输出的误差不增大。

4.2.4　自适应变遗忘因子序贯系统响应实时修正方法

假设当前时刻 t，水文模型由计算得到的模型变量构成的状态向量为 $\hat{\boldsymbol{X}}_t^-$，其对应的目标的模型状态为 $\hat{\boldsymbol{X}}_t^*$，则 $\hat{\boldsymbol{X}}_t^*$ 可以表示为 $\hat{\boldsymbol{X}}_t^-$ 加上一个修正量 $\Delta\boldsymbol{X}_t$ 的形式：

$$\hat{X}_t^* = \hat{X}_t^- + \Delta X_t \tag{4-61}$$

上式中 $\hat{X}_t^-$ 为已知,4.2.1、4.2.2 和 4.2.3 中已经给出了完整的修正量实时估计方法,因此可以通过式(4-61)得到对水文模型计算得到的模型状态进行实时更新。图 4-2 为基于自适应变遗忘因子动态多变量序贯系统响应方法的模型变量实时修正方法原理示意图。

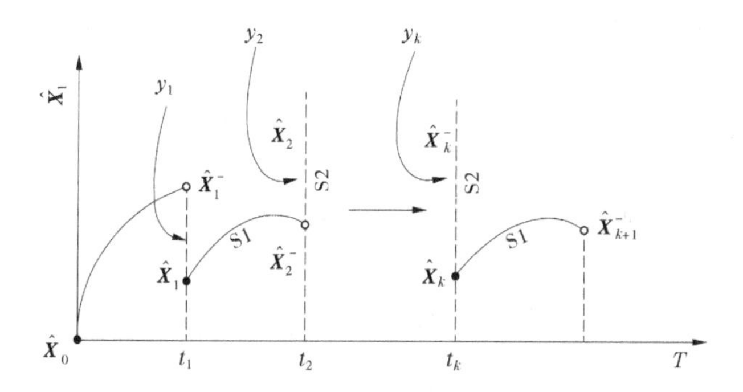

图 4-2　基于自适应变遗忘因子动态多变量序贯系统响应方法的模型变量实时修正方法原理示意图

由图 4-2 可知,MS-SR 方法在估计修正量时都利用了前一次的估计结果,并且每次的修正都是针对最新的模型变量值,而不是洪水开始模型起算时的初始条件,这使得改进的方法避免了每次修正初始条件后都需要从初始条件起算的问题。结合图 4-2,假设当前时刻为 k,这一过程的具体步骤描述如下:

(1)运行水文模型至当前时刻获得 $\hat{X}_k^-$;

(2)基于最新的观测值 y_k 和上一次的修正量的估计结果 $\Delta\hat{X}_{k-1}$,得到本时刻修正量的估计值 $\Delta\hat{X}_k$,即 y_k, $\Delta\hat{X}_{k-1} \rightarrow \Delta\hat{X}_k$;

(3)使用 $\Delta\hat{X}_k$ 对本时刻的模型计算结果 $\hat{X}_k^-$ 进行修正,即 $\hat{X}_k = \hat{X}_k^- + \Delta\hat{X}_k$ 。

4.3 方法应用

4.3.1 理想实验

本章数值实验设置与第 3 章基本保持一致,不同的是本章修正的目标是每一个时间步长的模型变量,而不是仅仅修正模型初始条件(初始时刻的模型变量)。此外,土壤含水量估计需要大量数据才能取得稳定的效果,为了保证方法的稳定性,不对土壤含水量进行实时修正。

4.3.2 实际流域应用

本章的实际流域应用与第 3 章基本保持一致,不同的是本章修正的目标是每一个时间步长的模型变量。此外,为了保证方法的稳定性,本章不对土壤含水量进行实时修正,直接使用第 3 章实际应用中 I-SR 方法估计得到的初始土壤含水量作为洪水开始时的初始土壤含水量。

4.4 结果分析

4.4.1 数值实验结果分析

图 4-3 为使用随机生成的初始条件计算得到的模型输出和 MS-SR 方法实时修正后的模型输出。

由图 4-3 结果可知,大约经过 25 个时段,本章方法实时修正后的模型输出(红色实线)几乎与观测系列(绿色十字)一致,这表明本章提出的改进方法能够通过实时修正模型状态显著提高模型效果。进一步观察图 4-3 可知,MS-SR 方法实时修正后的模型输

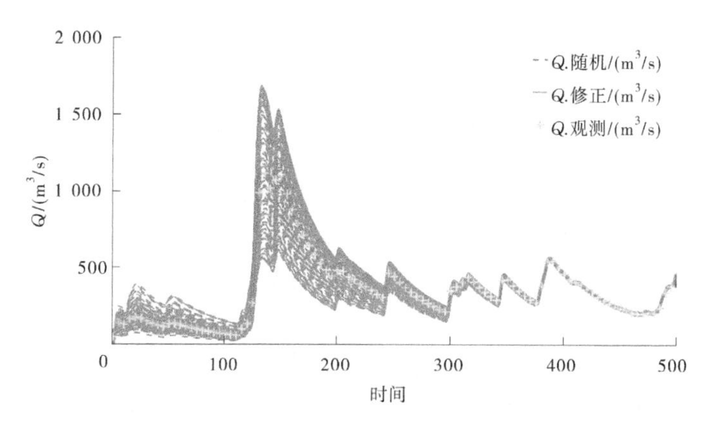

图 4-3　随机初始条件计算得到的模型输出及修正后的模型输出

出在开始的几个时段波动较大,其主要原因是在开始的几个时段的修正中只使用了洪水开始初期的几个数据,此时可用信息相对较少,随着修正使用的信息越来越多,修正效果越来越好。表 4-1 对比了 MS-SR 方法修正后的模型输出的 RMSE("RMSE. MS-SR",m^3/s)和 I-SR 方法修正后的模型输出的 RMSE("RMSE. I-SR",m^3/s)。

表 4-1　本章方法修正后模型输出的 RMSE 和 I-SR 方法修正后的模型输出的 RMSE　单位:m^3/s

序号	RMSE. I-SR	RMSE. MS-SR
1	0	3.70
2	0	2.86
3	0	4.18
4	0	3.21

续表 4-1

序号	RMSE. I-SR	RMSE. MS-SR
5	0	2. 96
6	0	4. 94
7	0	7. 87
8	0	5. 31
9	0	3. 93
10	0	3. 80
11	0	8. 61
12	0	6. 00
13	0	3. 77
14	0	7. 91
15	0	7. 35
16	0	3. 62
17	0	7. 12
18	0	5. 81
19	0	9. 84
20	0	4. 18
21	0	3. 99
22	0	9. 48
23	0	2. 96
24	0	6. 32
25	0	7. 28
26	0	6. 78

续表 4-1

序号	RMSE. I-SR	RMSE. MS-SR
27	0	4. 11
28	0	4. 86
29	0	3. 50
30	0	9. 20
31	0	3. 29
32	0	7. 00
33	0	4. 61
34	0	4. 43
35	0	5. 37
36	0	3. 03
37	0	6. 96
38	0	3. 49
39	0	3. 27
40	0	5. 04
41	0	7. 30
42	0	4. 57
43	0	3. 08
44	0	6. 48
45	0	6. 30
46	0	6. 74
47	0	7. 00
48	0	7. 60

续表 4-1

序号	RMSE. I-SR	RMSE. MS-SR
49	0	3. 05
50	0	6. 86
51	0	2. 77
52	0	7. 61
53	0	4. 52
54	0	4. 86
55	0	8. 78
56	0	3. 46
57	0	5. 53
58	0	7. 51
59	0	7. 51
60	0	3. 59
61	0	3. 53
62	0	5. 78
63	0	4. 69
64	0	3. 53
65	0	5. 65
66	0	4. 60
67	0	3. 09
68	0	7. 46
69	0	3. 27
70	0	6. 49

续表 4-1

序号	RMSE. I-SR	RMSE. MS-SR
71	0	4. 34
72	0	2. 59
73	0	4. 54
74	0	2. 49
75	0	7. 05
76	0	4. 17
77	0	7. 20
78	0	5. 78
79	0	4. 81
80	0	9. 33
81	0	5. 33
82	0	3. 40
83	0	7. 25
84	0	11. 36
85	0	3. 94
86	0	3. 95
87	0	2. 84
88	0	7. 30
89	0	2. 73
90	0	3. 53
91	0	3. 94
92	0	5. 91

续表 4-1

序号	RMSE. I-SR	RMSE. MS-SR
93	0	5.63
94	0	3.98
95	0	5.05
96	0	2.77
97	0	4.69
98	0	3.32
99	0	5.92
100	0	4.18

结合第 3 章应用结果和表 4-1 可知,I-SR 方法几乎能够完全消除初始条件中的误差,其效果优于本章改进方法的效果。造成这种效果差异的一个主要原因是,I-SR 方法估计初始条件的过程本质上是一个“平滑”过程,在估计初始条件时使用了未来的信息,其估计精度通常较高。而本章提出的 MS-SR 方法本质上是一个“滤波”过程,估计每一个时间步长的模型修正量时只使用了当前时刻及过去的信息,并没有使用未来的信息,其估计精度相对较差。图 4-4~图 4-8 使用散点图对比了修正前后每一个模型变量的 RMSE。

由上述结果可知,总体来看,本章的改进方法能够通过实时修正模型变量逐渐消除每一个模型变量给定的初始误差以提高模型效果。进一步观察可知,对于不同的随机生成的初始条件,修正后的 RMSE 是比较稳定的,其修正效果几乎与初始条件包含的误差大小无关,这表明方法是稳定的。结合图 4-4~图 4-8 及前面的分析可知,MS-SR 方法在修正某一时刻的模型变量时只使用了该时刻及该时刻以前的观测数据进行修正,因此在洪水初期方法效果

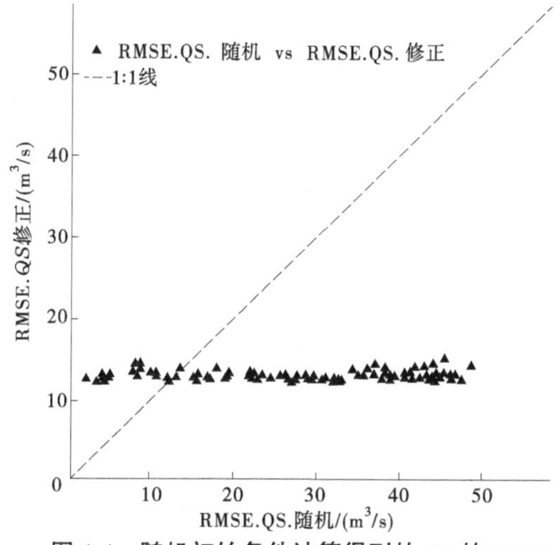

图 4-4 随机初始条件计算得到的 QS 的 RMSE 及修正后的 QS 的 RMSE

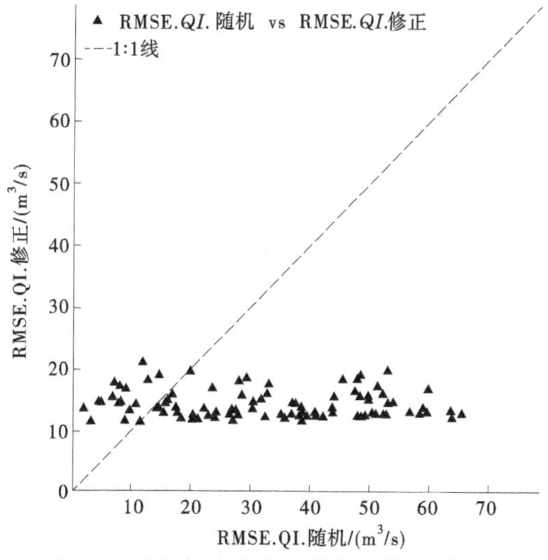

图 4-5 随机初始条件计算得到的 QI 的 RMSE 及修正后的 QI 的 RMSE

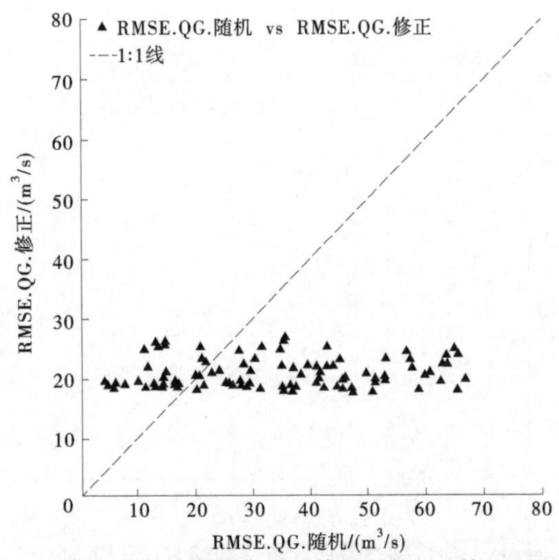

图 4-6　随机初始条件计算得到的 QG 的 RMSE 及修正后的 QG 的 RMSE

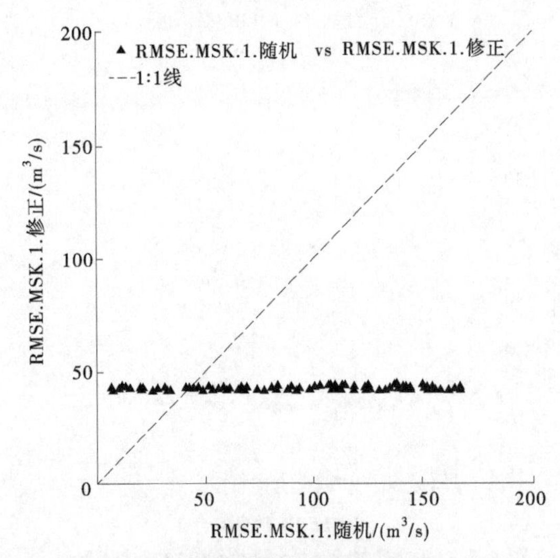

图 4-7　随机初始条件计算得到的 MSK. 1 的 RMSE 及修正后的 MSK. 1 的 RMSE

相对较差,方法效果随着观测数据数量的上升而逐渐增加,因此不同的随机初始条件下修正后的 RMSE 是大致稳定的。

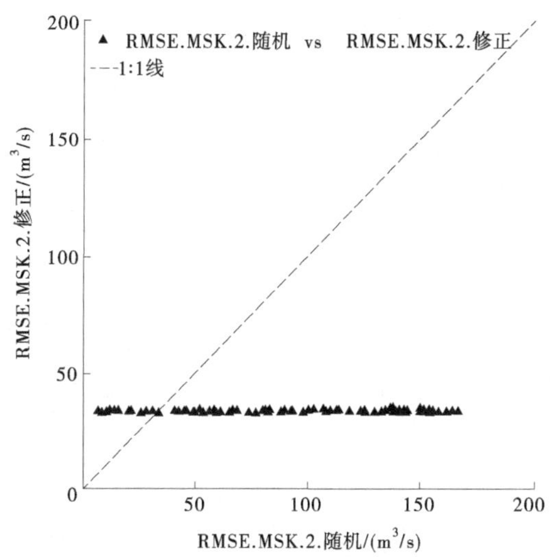

图 4-8　随机初始条件计算得到的 MSK. 2 的 RMSE 及修正后的 MSK. 2 的 RMSE

4.4.2　实际流域应用结果分析

为了验证 MS-SR 方法的实际应用效果,表 4-2 为三种方法(R-SR 方法、I-SR 方法和 MS-SR 方法)在邵武流域和柴河流域应用结果的统计情况。

如表 4-2 所示,与使用经验初始条件计算得到的 NSE 相比,本章改进方法通过修正模型状态显著提高了模型的计算效果。总体来看,R-SR 方法、I-SR 方法和 MS-SR 方法都能提高模型效果,其中 MS-SR 方法效果最佳,I-SR 效果次之,R-SR 方法效果最差,MS-SR 方法效果最好的原因是其使用了 I-SR 方法估计得到的初始土壤含水量,并且修正了每一个时刻的模型变量。需要注意的是,尽

表 4-2 实际流域修正效果统计（邵武流域和柴河流域）

项目	NSE.原始.邵武	NSE.R-SR.邵武	NSE.I-SR.邵武	NSE.MS-SR.邵武	NSE.原始.柴河	NSE.R-SR.柴河	NSE.I-SR.柴河	NSE.MS-SR.柴河	NSE.原始.全部	NSE.R-SR.全部	NSE.I-SR.全部	NSE.MS-SR.全部
最小值	0.651	0.651	0.716	0.923	0.697	0.702	0.748	0.972	0.651	0.651	0.716	0.923
最大值	0.953	0.962	0.965	0.999	0.921	0.963	0.971	1.000	0.953	0.963	0.971	1.000
平均值	0.818	0.848	0.893	0.986	0.808	0.851	0.870	0.995	0.813	0.850	0.883	0.990
中位数	0.831	0.866	0.912	0.991	0.810	0.877	0.883	0.997	0.813	0.871	0.890	0.995
标准差	0.091	0.081	0.066	0.017	0.064	0.073	0.063	0.007	0.080	0.077	0.065	0.014

管修正后的模型输出与观测值非常接近,这并不意味着修正后的模型状态一定是正确的。其主要原因是,对于实际流域应用而言,往往只能通过比较模型输出与观测输出的拟合程度来评价模型的效果,而模型输出结果的优劣与模型真实效果的优劣并不是等价的。

4.5　小　结

为了考虑不同时段模型变量对未来误差影响作用的差异(获得持续的修正效果)并缓解重新计算和扩展观测向量带来的计算消耗问题,本章从系统响应方法的基本结构(批估计形式)出发,推导了系统响应方法的序贯形式,实现了模型变量修正量的实时估计。为了降低水文模型非线性问题和不稳定问题的不利影响,在系统响应方法的序贯形式基础上引入了正则化方法和局部迭代算法。为了使方法具有应对环境变化的能力,引入了自适应变遗忘因子动态估计方法,提出了自适应变遗忘因子序贯系统响应误差修正方法(MS-SR 方法)。最后使用数值实验和实际流域应用对方法有效性进行验证。本章研究得到如下主要结论:

(1)数值实验和实际流域应用结果表明,MS-SR 方法能够通过实时修正模型变量提升模型的效果,且对于不同的原始计算精度,MS-SR 方法能够保持稳定的修正效果。

(2)实际流域应用结果表明,MS-SR 方法和 I-SR 方法的组合应用能够显著提高模型的计算效果,且效果优于单独使用 I-SR 的改进方法。

第5章 结论与展望

5.1 主要结论

实时洪水预报误差修正中,当修正误差因素多、可用信息少时系统响应方法会出现不稳定的情况。为此,本书从理论角度分析了系统响应方法的不稳定问题,在分析结果的基础上,以水文学、正则化技术、现代控制理论等为理论基础,对系统响应方法进行了改进研究。本书的研究成果及主要结论如下:

(1)实际应用中系统响应方法在可用作修正的流量信息较少时,系统响应方法可能出现修正效果不稳定的现象。为此,本书首先采用奇异值分解方法对系统响应方法不稳定问题进行研究,分析了不稳定问题的表现形式,揭示了不稳定问题对系统响应方法修正效果的影响机制。分析结果表明,不稳定问题的出现与系数矩阵进行奇异值分解得到的较小的奇异值有密切的联系;当可用信息不足时,对系数矩阵进行奇异值分解就会出现较小的奇异值,而这些较小的奇异值会放大有害信息对系统响应方法的不良影响。因此,解决不稳定问题的关键在于如何处理分解得到的较小的奇异值。

(2)水文模型属于时域非线性系统,为了降低非线性模型线性化误差对系统响应方法修正效果的不利影响,本书在现有方法(R-SR)基础上,通过将非线性过程分解为若干个子过程,构建了系统响应方法的迭代形式。为了解决迭代求解过程中的不稳定问题,在连续线性化过程中引入了正则化思想。为了解决L曲线方法计算消耗大、不适用于迭代求解过程的问题,提出了正则化参数自适应估计方法。将正则化参数自适应估计方法应用于系统响应方法的迭代形式,提出了自适应正则化迭代系统响应误差修正方法(iterative system response method,I-SR 方法)。在此基础上,为了减少初始条件中其他变量误差对修正效果的影响并提高方法的通用性,构建了基于 I-SR 的初始条件估计方法。最后使用数值实验和实际流域应用对方法进行有效性验证。数值实验结果表明,I-SR 方法修正效果要明显优于 R-SR 方法,且修正效果随可用的观测值数量的增加而增强。观测值较少时,I-SR 方法修正效果存在一定的波动,随着方法可用的观测值越来越多,I-SR 方法修正效果逐渐上升并趋于稳定。实际流域应用结果表明,R-SR 方法和 I-SR 方法都能通过修正初始条件提高模型效果,I-SR 方法修正效果要优于 R-SR 方法。

(3)为了考虑不同时段模型变量对未来计算结果的影响作用的差异(获得持续的修正效果),同时缓解重新计算和扩展观测向量带来的计算消耗问题,提出了自适应变遗忘因子序贯系统响应误差修正方法(MS-SR)。本书从系统响应方法的基本结构(批估计形式)出发,推导了系统响应方法的序贯形式,实现了模型变量修正量的实时估计。为了降低水文模型非线性问题和不稳定问题的不利影响,在系统响应方法的序贯形式基础上引入了正则化方法和局部迭代算法。另外,为了使方法具有应对环境变化的能力,引入了自适应变遗忘因子动态估计方法,提出了自适应变遗忘因子序贯系统响应误差修正方法(MS-SR 方法),并构建了基于 MS-SR 方法的实时模型变量修正方法。最后使用数值实验和实际流域应用对方法有效性进行验证。数值实验和实际流域应用结果表明,MS-SR 方法能够通过实时修正模型变量提升模型的效果,且对于不同的原始计算精度,MS-SR 方法能够保持稳定的修正效果。实际流域应用结果表明,MS-SR 方法和 I-SR 方法的组合应用能够显著提高模型的计算效果,且效果优于单独使用 I-SR 的改进方法。

5.2 展 望

本书第 2 章改进方法使用 L 曲线法对正则化参数进行选择,其物理意义明确且具有较好的理论基础,但其计算过程烦琐并且计算开销相对较大。为了减小计算开销,第 3 章的研究中设计并使用了一种简单有效的正则化参数选择方法,但方法的物理意义尚不明确,理论基础不够完善。今后需要在分析和总结两种方法优点的基础上,提出一种更为合理的正则化参数选择方法,方法需要在具有一定物理意义的同时,计算步骤简单且具有较小的计算开销。

本书第 4 章的多变量序贯系统响应方法在计算流程开始时需要对 $\boldsymbol{\Phi}(0)$ 和 $\hat{\boldsymbol{w}}(0)$ 进行初始化,两者的初始化完全依靠经验进行,且所有的历史洪水的初始化设置是相同的。从理论上来说,不同的洪水的初始值应当是不同的。因此,本书中使用的初始化方法是不够精确的,需要进一步研究具有更加坚实的理论基础的初始化方法。

本书在改进系统响应方法的过程中沿用了系统响应方法基于一阶泰勒展开的线性化手段,为此需要研究比较其他的处理水文系统的非线性的方法,如考虑非线性滤波中的基于采样的统计线性化思想,进而构建出更加稳健、实用性更强的改进系统响应方法。

本书的应用和验证中只使用了新安江模型,今后应开展更为广泛的模型应用验证研究,将方法应用于不同类型的水文模型,进一步地应用于半分布式水文模型和分布式水文模型。分布式水文模型的模型变量数量极多,这会为方法应用带来一定的困难,例如分布式水文模型的海量的模型变量意味着方法的矩阵计算部分的矩阵维度极大,这将对计算机的内存造成极大的负担;此外,海量的模型变量也会极大地增加方法的计算开销。因此,如何设计高效稳定使用的程序也是需要进一步研究的内容,比如引入并行计算提高效率,对稀疏矩阵进行分解计算等。

本书并未考虑其他误差因素的影响如降水误差、模型结构误差和模型参数误差等,为此今后应对系统响应方法进行改进以考虑多种误差因素的影响,尤其是将降水误差和模型参数误差考虑在内。此外,如何与其他校正方法进行联合应用也是需要进一步研究的内容。

本书只利用了流域出口断面流量的观测信息,而近年来水文学科可用的观测数据的数量和种类越来越多,因此今后需要将其他的可用的观测信息(如地下水观测水位)引入水文模型的校正中,并且考虑多种观测信息源的信息融合问题。

参考文献

[1] Yang C, Yu Z, Hao Z, et al. Impact of climate change on flood and drought events in Huaihe River Basin, China [J]. Hydrology Research, 2012, 43 (1-2): 14-22.

[2] 李威, 朱艳峰. 2006 年全球重大天气气候事件概述 [J]. 气象, 2007, (4): 108-110.

[3] 姜彤, 许朋柱. 荷兰的实时洪水管理——1993 年和 1995 年洪水的比较研究 [J]. 自然灾害学报, 1997(1): 99-105.

[4] Jain S K, Mani P, Jain S K, et al. A Brief review of flood forecasting techniques and their applications [J]. International Journal of River Basin Management, 2018, 16(3): 329-344.

[5] 王建华, 江东, 陈传友. 我国洪涝灾害规律的研究 [J]. 灾害学, 1999, 14(3):37-41.

[6] 张行南, 罗健, 陈雷, 等. 中国洪水灾害危险程度区划 [J]. 水利学报, 2000, (3):3-9.

[7] Yin J, Yu D, Yin Z, et al. Evaluating the impact and risk of pluvial flash flood on intra-urban road network: A case study in the city center of Shanghai, China [J]. J Hydrol, 2016, 537:138-145.

[8] 叶守泽, 夏军. 水文科学研究的世纪回眸与展望 [J]. 水科学进展, 2002, 13(1): 93-104.

[9] Zong Y, Chen X. The 1998 Flood on the Yangtze, China [J]. Natural Hazards, 2000, 22(2): 165-184.

[10] 姜彤, 施雅风. 全球变暖、长江水灾与可能损失 [J]. 地球科学进展, 2003, 18(2):277-284.

[11] 曾刚, 孔翔. 1954、1998 年长江两次特大洪灾形成原因及防治对策初探 [J]. 灾害学, 1999, 14(4):23-27.

[12] 黎安田. 长江 1998 年洪水与防汛抗洪 [J]. 人民长江, 1999(1):3-9.

[13] 张顺利, 陶诗言, 张庆云, 等. 1998 年夏季中国暴雨洪涝灾害的气象水

文特征［J］. 应用气象学报，2001(4):442-457.
［14］黄会平，张昕，张岑. 1949—1998 年中国大洪涝灾害若干特征分析［J］. 灾害学，2007(1):73-76.
［15］曹述互，丁力，肖清福，等. 应用气象卫星图像监测辽河洪水［J］. 遥感信息，1987(3):42,52.
［16］王殿武，王才，付洪涛，等. 辽河流域“2005·08”暴雨洪水分析［J］. 水文，2006(1):76-79.
［17］邢大韦，张玉芳，粟晓玲，等. 中国多沙性河流的洪水灾害及其防御对策［J］. 西北水资源与水工程，1998(2):3-5.
［18］王国安. 淮河“75·8”洪水垮坝的主要原因分析及经验教训［J］. 科技导报，2006(7):72-77.
［19］黄金池. 中国风暴潮灾害研究综述［J］. 水利发展研究，2002(12):63-65.
［20］张建云. 城市化与城市水文学面临的问题［J］. 水利水运工程学报，2012(1):1-4.
［21］Yin J, Ye M, Yin Z, et al. A review of advances in urban flood risk analysis over China［J］. Stochastic environmental research risk assessment, 2015, 29(3): 1063-1070.
［22］https://www.cma.gov.cn/zfxxgk/gknr/qxbg/201905/t20190524_1709279.html
［23］https://www.cma.gov.cn/kppd/kppdqxyr/kppdjsqx/202008/t20200828_561907.html
［24］刘树坤. 国外防洪减灾发展趋势分析［J］. 水利水电科技进展，2000(1):2-9,69.
［25］潘家铮. 中国水利建设的成就问题和展望［J］. 中国工程科学，2002(2):42-51.
［26］王开元. 浅谈德法荷三国防洪减灾的主要做法和经验［J］. 人民珠江，2001(1):33-35.
［27］李大鸣，陈海舟，范玉. 国内外防洪减灾发展与现状［J］. 中国农村水利水电，2005(9): 33-37.
［28］徐乾清. 对中国防洪减灾问题的基本认识和建立具有中国特色的防洪

减灾体系的初步设想 [J]. 水文, 2003(2):1-7.

[29] 林泽新. 太湖流域防洪工程建设及减灾对策 [J]. 湖泊科学, 2002(1):12-18.

[30] 苏维词. 三峡库区消落带的生态环境问题及其调控 [J]. 长江科学院院报, 2004(2):32-34,41.

[31] 杨正健, 刘德富, 马骏,等. 三峡水库香溪河库湾特殊水温分层对水华的影响 [J]. 武汉大学学报(工学版), 2012, 45(1):1-9,15.

[32] 程辉, 吴胜军, 王小晓,等. 三峡库区生态环境效应研究进展 [J]. 中国生态农业学报, 2015, 23(2):127-140.

[33] 蔡庆华, 胡征宇. 三峡水库富营养化问题与对策研究 [J]. 水生生物学报, 2006(1):7-11.

[34] Tsaytler P, Harding H P, Ron D,et al. Selective Inhibition of a Regulatory Subunit of Protein Phosphatase 1 Restores Proteostasis [J]. Sci., 2011, 332(6025): 91-94.

[35] 梁志勇, 何晓燕, 黄金池,等. 国外非工程防洪减灾战略研究(Ⅰ)——减灾措施 [J]. 自然灾害学报, 2002(1):52-56.

[36] 姜付仁, 向立云, 刘树坤. 美国防洪政策演变 [J]. 自然灾害学报, 2000(3): 38-45.

[37] 王艳艳, 吴兴征. 中国与荷兰洪水风险分析方法的比较研究 [J]. 自然灾害学报, 2005(4):19-24.

[38] J.马卡比阿尼, 梁静静. 荷兰"2015年防洪计划"综述 [J]. 水利水电快报, 2013, 34(6):8-9,17.

[39] 章四龙. 洪水预报系统关键技术研究 [D].南京:河海大学, 2005.

[40] 刘金平, 张建云. 中国水文预报技术的发展与展望 [J]. 水文, 2005(6):1-5,64.

[41] 蔡其华. 充分考虑河流生态系统保护因素 完善水库调度方式 [J]. 中国水利, 2006(2):14-17.

[42] 周惠成, 梁国华, 王本德,等. 水库洪水调度系统通用化模板设计与开发 [J]. 水科学进展, 2002,13(1): 42-48.

[43] 王浩, 王建华. 现代水文学发展趋势及其基本方法的思考 [J]. 中国科技论文在线, 2007(9):617-620.

[44] 陈守煜. 中长期水文预报综合分析理论模式与方法 [J]. 水利学报, 1997(8):16-22.
[45] 杨旭, 栾继虹, 冯国章. 中长期水文预报研究评述与展望 [J]. 西北农业大学学报, 2000(6):203-207.
[46] 夏军. 中长期径流预报的一种灰关联模式识别与预测方法 [J]. 水科学进展, 1993(3):190-197.
[47] Abbott M B, Bathurst J C, Cunge J A, et al. An introduction to the European Hydrological System — Systeme Hydrologique Europeen, "SHE", 1: History and philosophy of a physically-based, distributed modelling system [J]. J Hydrol, 1986, 87(1): 45-59.
[48] Beven K, Kirkby M. A physically based, variable contributing area model of basin hydrology [J]. Hydrological Sciences, 1979, 24(1): 43-69.
[49] Liang X, Wood E F, Lettenaier D P. Surface soil moisture parameterization of the VIC-2L model: Evaluation and modification [J]. Glob Planet Change, 1996, 13(1): 195-206.
[50] Todini E. The ARNO rainfall—runoff model [J]. J Hydrol, 1996, 175(1): 339-382.
[51] Zhao R. The Xinanjiang model applied in China [J]. J Hydrol, 1992, 135(1): 371-381.
[52] 瞿思敏, 包为民. 实时洪水预报综合修正方法初探 [J]. 水科学进展, 2003, 14(2):167-171.
[53] 包为民, 司伟, 沈国华, 等. 基于单位线反演的产流误差修正 [J]. 水科学进展, 2012, 23(3):317-322.
[54] 徐宗学. 水文模型:回顾与展望 [J]. 北京师范大学学报(自然科学版), 2010, 46(3):278-289.
[55] 芮孝芳. 流域水文模型研究中的若干问题 [J]. 水科学进展, 1997(1):97-101.
[56] 李丽娟, 姜德娟, 李九一, 等. 土地利用/覆被变化的水文效应研究进展 [J]. 自然资源学报, 2007(2):211-224.
[57] 张会, 张继权, 韩俊山. 基于 GIS 技术的洪涝灾害风险评估与区划研究——以辽河中下游地区为例 [J]. 自然灾害学报, 2005(6):141-

146.

[58] 黄诗峰, 徐美, 陈德清. GIS 支持下的河网密度提取及其在洪水危险性分析中的应用 [J]. 自然灾害学报, 2001(4):129-132.

[59] Refsgaard J C. Terminology, Modelling Protocol And Classification of Hydrological Model Codes [M]. Dordrecht: Springer Netherlands, 1996.

[60] 王文, 马骏. 若干水文预报方法综述 [J]. 水利水电科技进展, 2005(1): 56-60.

[61] 胡和平, 田富强. 物理性流域水文模型研究新进展 [J]. 水利学报, 2007, 38(5):511-517.

[62] Dawdy D R, O′donnell T. Mathematical models of catchment behavior [J]. Journal of the Hydraulics Division, 1965, 91(4): 123-137.

[63] Singh V P, Frevert D K. Mathematical models of large watershed hydrology [M]. Colorado,Water Resources Publication, 2002.

[64] Todini E, Wallis J. Using CLS for daily or longer period rainfall-runoff modelling [J]. New York,Wiley, Mathematical models for surface water hydrology, 1977, 100:149-168.

[65] 石朋, 芮孝芳, 瞿思敏,等. 考虑水流空间变异性的地貌瞬时单位线研究 [J]. 水电能源科学, 2008, 26(2): 11-14.

[66] Box G E, Jenkins G M, Macgregor J F. Some recent advances in forecasting and control [J]. Journal of the Royal Statistical Society: Series C, 1974, 23(2): 158-179.

[67] Carlson R F, Maccormick A J A, Watts D G. Application of Linear Random Models to Four Annual Streamflow Series [J]. Water Resour Res., 1970, 6(4): 1070-1078.

[68] 马金凤, 杨广. 基于自回归滑动平均模型的玛纳斯河洪水预报 [J]. 石河子大学学报(自然科学版), 2010,28(2):242-245.

[69] 王栋, 曹升乐. 人工神经网络在水文水资源水环境系统中的应用研究进展 [J]. 水利水电技术, 1999(12): 3-5.

[70] Kim G, Barros A P. Quantitative flood forecasting using multisensor data and neural networks [J]. J Hydrol, 2001, 246(1):45-62.

[71] Castellano-mendea M, Gonzalez-manteiga W, Febrero-bande M, et al.

Modelling of the monthly and daily behaviour of the runoff of the Xallas river using Box-Jenkins and neural networks methods [J]. J Hydrol, 2004, 296(1): 38-58.
[72] 李鸿雁, 刘寒冰, 苑希民,等. 人工神经网络峰值识别理论及其在洪水预报中的应用 [J]. 水利学报, 2002(6):15-20.
[73] 熊立华, 郭生练, 王元. 神经网络在洪水实时预报中的应用研究 [J]. 水电能源科学, 2002(3):28-31.
[74] 张海亮, 何东健, 吴建华. 基于改进 BP 网络模型的洪水预报研究 [J]. 西北农林科技大学学报(自然科学版), 2006,(5):161-164.
[75] 刘金清,陆建华. 国内外水文模型概论 [J]. 水文, 1996(4):4-8.
[76] 康尔泗, 程国栋, 蓝永超,等. 概念性水文模型在出山径流预报中的应用 [J]. 地球科学进展, 2002(1): 18-26.
[77] 张俊, 郭生练, 李超群,等. 概念性流域水文模型的比较 [J]. 武汉大学学报(工学版), 2007(2):1-6.
[78] 包为民, 王从良. 垂向混合产流模型及应用 [J]. 水文, 1997(3):19-22.
[79] 王厥谋, 张瑞芳, 徐贯午. 综合约束线性系统模型 [J]. 水利学报, 1987(7):1-9.
[80] 刘金涛, 宋慧卿, 张行南,等. 新安江模型理论研究的进展与探讨 [J]. 水文, 2014, 34(1):1-6.
[81] 唐国强, 龙笛, 万玮,等. 全球水遥感技术及其应用研究的综述与展望 [J]. 中国科学:技术科学, 2015, 45(10): 1013-1023.
[82] 梁钟元, 贾仰文, 李开杰,等. 分布式水文模型在洪水预报中的应用研究综述 [J]. 人民黄河, 2007(2): 29-32.
[83] 张珂. 基于 DEM 栅格和地形的分布式水文模型构建及其应用 [D]. 南京:河海大学, 2005.
[84] Abbott M B, Bathurst J C, Cunge J A, et al. An introduction to the European Hydrological System — Systeme Hydrologique Europeen, "SHE", 2: Structure of a physically-based, distributed modelling system [J]. Journal of Hydrology, 1986, 87(1): 61-77.
[85] Singh V P, Woolhiser D A. Mathematical modeling of watershed hydrology

[J]. Journal of hydrologic engineering, 2002, 7(4): 270-292.

[86] Ewen J, Parkin G, O'connell P E. SHETRAN: distributed river basin flow and transport modeling system [J]. Journal of hydrologic engineering, 2000, 5(3): 250-258.

[87] 孔凡哲, 芮孝芳. TOPMODEL 中地形指数计算方法的探讨 [J]. 水科学进展, 2003(1):41-45.

[88] 熊立华, 郭生练, 胡彩虹. TOPMODEL 在流域径流模拟中的应用研究 [J]. 水文, 2002(5):5-8.

[89] Wood E F, Lettenmaier D P, Zartarian V G. A land-surface hydrology parameterization with subgrid variability for general circulation models [J]. J. Geophys. Res. Atmos., 1992, 97(D3): 2717-2728.

[90] Liang X, Lettnmaier D P, Wood E F, et al. A simple hydrologically based model of land surface water and energy fluxes for general circulation models [J]. J Geophys Res Atmos, 1994, 99(D7): 14415-14428.

[91] 王中根, 刘昌明, 吴险峰. 基于 DEM 的分布式水文模型研究综述 [J]. 自然资源学报, 2003(2):168-173.

[92] 杨桂莲, 郝芳华, 刘昌明, 等. 基于 SWAT 模型的基流估算及评价——以洛河流域为例 [J]. 地理科学进展, 2003(5): 463-471.

[93] 石朋, 芮孝芳, 瞿思敏, 等. 一个网格型松散结构分布式水文模型的构建 [J]. 水科学进展, 2008(5):662-670.

[94] 袁飞. 考虑植被影响的水文过程模拟研究 [D]. 南京: 河海大学, 2006.

[95] Casson D R, Werner M, Weerts A, et al. Global re-analysis datasets to improve hydrological assessment and snow water equivalent estimation in a sub-Arctic watershed [J]. Hydrology and Earth System Sciences, 2018, 22(9): 4685-4697.

[96] Emerton R E, Stephens E M, Pappenberger F, et al. Continental and global scale flood forecasting systems [J]. WIREs Water, 2016, 3(3): 391-418.

[97] Van Osnabrugge B, Uijlenhoet R, Weerts A. Contribution of potential evaporation forecasts to 10-day streamflow forecast skill for the Rhine River [J].

Hydrol. Earth Syst. Sci. , 2019, 23(3): 1453-1467.
[98] 刘昌明, 李道峰, 田英,等. 基于 DEM 的分布式水文模型在大尺度流域应用研究 [J]. 地理科学进展, 2003(5): 437-445,541-542.
[99] 陈军锋, 李秀彬. 土地覆被变化的水文响应模拟研究 [J]. 应用生态学报, 2004(5):833-836.
[100] 杨大文, 李翀, 倪广恒,等. 分布式水文模型在黄河流域的应用 [J]. 地理学报, 2004(1):143-154.
[101] 吴险峰, 刘昌明. 流域水文模型研究的若干进展 [J]. 地理科学进展, 2002(4):341-348.
[102] 徐宗学, 程磊. 分布式水文模型研究与应用进展 [J]. 水利学报, 2010, 41(9):1009-1017.
[103] 王书功, 康尔泗, 李新. 分布式水文模型的进展及展望 [J]. 冰川冻土, 2004(1):61-65.
[104] 万洪涛, 周成虎, 万庆,等. 地理信息系统与水文模型集成研究述评 [J]. 水科学进展, 2001(4):560-568.
[105] 傅国斌, 刘昌明. 遥感技术在水文学中的应用与研究进展 [J]. 水科学进展, 2001(4):547-559.
[106] 江善虎, 任立良, 雍斌,等. TRMM 卫星降水数据在洣水流域径流模拟中的应用 [J]. 水科学进展, 2014, 25(5):641-649.
[107] 崔春光, 彭涛, 沈铁元,等. 定量降水预报与水文模型耦合的中小流域汛期洪水预报试验 [J]. 气象, 2010,36(12):56-61.
[108] Villarini G, Krajewski W F. Empirically-based modeling of spatial sampling uncertainties associated with rainfall measurements by rain gauges [J]. Adv Water Resour, 2008, 31(7): 1015-1023.
[109] Bárdossy A, Das T. Influence of rainfall observation network on model calibration and application [J]. Hydrology and Earth System Sciences, 2008, 12(1): 77-89.
[110] 刘晓阳, 毛节泰, 李纪人,等. 雷达联合雨量计估测降水模拟水库入库流量 [J]. 水利学报, 2002(4):51-55.
[111] 李致家, 刘金涛, 葛文忠,等. 雷达估测降雨与水文模型的耦合在洪水预报中的应用 [J]. 河海大学学报(自然科学版), 2004(6):601-

606.

[112] 李哲. 多源降雨观测与融合及其在长江流域的水文应用 [D]. 北京: 清华大学, 2015.

[113] 田济扬. 天气雷达多源数据同化支持下的陆气耦合水文预报 [D]. 北京:中国水利水电科学研究院, 2017.

[114] 彭涛, 李俊, 殷志远,等. 基于集合降水预报产品的汛期洪水预报试验 [J]. 暴雨灾害, 2010, 29(3):274-278.

[115] Hossain F, Huffman G J. Investigating Error Metrics for Satellite Rainfall Data at Hydrologically Relevant Scales [J]. Journal of Hydrometeorology, 2008, 9(3): 563-575.

[116] 唐国强, 李哲, 薛显武,等. 赣江流域 TRMM 遥感降水对地面站点观测的可替代性 [J]. 水科学进展, 2015, 26(3): 340-346.

[117] Clark M P, Rupp D E, Woods R A, et al. Hydrological data assimilation with the ensemble Kalman filter: Use of streamflow observations to update states in a distributed hydrological model [J]. Adv Water Resour, 2008, 31(10): 1309-1324.

[118] Pan M, Wood E F, Mclaughlin D B, et al. A Multiscale Ensemble Filtering System for Hydrologic Data Assimilation. Part I: Implementation and Synthetic Experiment [J]. Journal of Hydrometeorology, 2009, 10(3): 794-806.

[119] Tian Y, Peters-lidard C D. A global map of uncertainties in satellite-based precipitation measurements [J]. Geophysical Rsearch Letters, 2010, 37(24):L24407.

[120] 瞿思敏, 嵇海祥, 包为民,等. 基于抗差估计方法的流域水文模型的不确定性分析 [J]. 水土保持研究, 2009, 16(2): 63-67.

[121] Clark M P, Slater A G. Probabilistic Quantitative Precipitation Estimation in Complex Terrain [J]. Journal of Hydrometeorology, 2006, 7(1): 3-22.

[122] 赵坤, 葛文忠, 刘国庆,等. 在雷达测雨和洪水预报中自适应卡尔曼滤波法的应用 [J]. 高原气象, 2005(6):956-965.

[123] 尹雄锐, 夏军, 张翔,等. 水文模拟与预测中的不确定性研究现状与

展望［J］. 水力发电, 2006(10):27-31.

[124] Rosenbrock H H. An Automatic Method for Finding the Greatest or Least Value of a Function [J]. Comp. J, 1960, 3(3): 175-184.

[125] Hooke R, Jeeves T A. "Direct Search" Solution of Numerical and Statistical Problems [J]. Journal of the ACM, 1961, 8(2): 212-229.

[126] Nocedal J, Wright S. Numerical optimization [M]. New Yarks, Springer Science & Business Media, 2006.

[127] 包为民, 张小琴, 赵丽平. 基于参数函数曲面的参数率定方法［J］. 中国科学:技术科学, 2013, 43(9): 1050-1062.

[128] 张文明, 董增川, 朱成涛,等. 基于粒子群算法的水文模型参数多目标优化研究［J］. 水利学报, 2008,39(5):528-534.

[129] Duan Q, Sorooshian S, Gupta V. Effective and efficient global optimization for conceptual rainfall-runoff models [J]. Water Resour. Res., 1992, 28(4): 1015-1031.

[130] 马海波, 董增川, 张文明,等. SCE-UA 算法在 TOPMODEL 参数优化中的应用［J］. 河海大学学报(自然科学版), 2006(4):361-365.

[131] 董洁平, 李致家, 戴健男. 基于 SCE-UA 算法的新安江模型参数优化及应用［J］. 河海大学学报(自然科学版), 2012, 40(5):485-490.

[132] Vrugt J A, Gupta H V, Bastidas L A, et al. Effective and efficient algorithm for multiobjective optimization of hydrologic models [J]. Water resources research, 2003, 39(8):1214.

[133] Gill M K, Kaheil Y H, Khalil A, et al. Multiobjective particle swarm optimization for parameter estimation in hydrology [J]. Water Resour. Res., 2006, 42(7):W07417.

[134] 郭俊, 周建中, 邹强,等. 新安江模型参数多目标优化研究［J］. 水文, 2013, 33(1): 1-7,26.

[135] 郭俊, 周建中, 邹强,等. 水文模型参数多目标优化率定及目标函数组合对优化结果的影响［J］. 四川大学学报(工程科学版), 2011, 43(6):58-63.

[136] 张洪刚, 郭生练, 刘攀,等. 概念性水文模型多目标参数自动优选方法研究［J］. 水文, 2002(1):12-16.

[137] Kumar S V, Reichle R H, Peters-Lidard C D, et al. A land surface data assimilation framework using the land information system: Description and applications [J]. Advances in Water Resources, 2008, 31(11): 1419-1432.

[138] Thirel G, Martin E, Mahfouf J F, et al. A past discharges assimilation system for ensemble streamflow forecasts over France—Part 1: Description and validation of the assimilation system [J]. Hydrology and Earth System Sciences, 2010, 14(8): 1623-1637.

[139] Andersson E, Haseler J, UNDéN P, et al. The ECMWF implementation of three-dimensional variational assimilation (3D-Var). Ⅲ: Experimental results [J]. QJRMS, 1998, 124(550): 1831-1860.

[140] Coutrier P, Andersson E, Heckley W, et al. The ECMWF implementation of three-dimensional variational assimilation (3D-Var). Ⅰ: Formulation [J]. QJRMS, 1998, 124(550): 1783-1807.

[141] Rabier F, Mcnally A, Andersson E, et al The ECMWF implementation of three-dimensional variational assimilation (3D-Var). Ⅱ: Structure functions [J]. QJRMS, 1998, 124(550):1809-1829.

[142] Gauthier P, Tanguay M, Laroche S, et al. Extension of 3DVAR to 4DVAR: Implementation of 4DVAR at the Meteorological Service of Canada [J]. Journal of the Atmosphenic Sciences, 2007, 135(6): 2339-2354.

[143] Gustafsson F. Particle filter theory and practice with positioning applications [J]. IEEE Aerospace and Electronic Systems Magazine, 2010, 25(7):53-82.

[144] Reif K, Gunther S, Yaz E, et al. Stochastic stability of the discrete-time extended Kalman filter [J]. IEEE Trans Autom Control, 1999, 44(4): 714-728.

[145] Evensen G. Sequential data assimilation with a nonlinear quasi-geostrophic model using Monte Carlo methods to forecast error statistics [J]. Journal of Geophysical Research: Oceans, 1994, 99(C5): 10143-10162.

[146] Lorenc A C. A Global Three-Dimensional Multivariate Statistical Interpola-

tion Scheme [J]. Journal of the Atmosphenic Sciences, 1981, 109(4): 701-721.

[147] Seo D J, Cajina L, CORBY R, et al. Automatic state updating for operational streamflow forecasting via variational data assimilation [J]. Journal of Hydrology, 2009, 367(3): 255-275.

[148] Thirel G, Martin E, Mahfouf J F, et al. A past discharge assimilation system for ensemble streamflow forecasts over France—Part 2: Impact on the ensemble streamflow forecasts [J]. Hydrology and Earth System Sciences, 2010, 14(124): 1639-1653.

[149] Thirel G, Martin E, Mahfouf J F, et al. A past discharges assimilation system for ensemble streamflow forecasts over France—Part 1: Description and validation of the assimilation system [J]. Hydrology and Earth System Sciences, 2010, 14 (124): 1623-1637.

[150] 葛守西, 程海云, 李玉荣. 水动力学模型卡尔曼滤波实时校正技术[J]. 水利学报, 2005(6):687-693.

[151] 王船海, 吴晓玲, 周全. 卡尔曼滤波校正技术在水动力学模型实时洪水预报中的应用 [J]. 河海大学学报(自然科学版), 2008(3):300-305.

[152] 杨小柳. 实时洪水预报方法综述 [J]. 水文, 1996(4):9-16,65.

[153] Haykin S. Kalman filtering and neural networks [M]. New Jersey: John Wiley & Sons, 2001.

[154] Lü H, Yu Z, Zhu Y, et al. Dual state-parameter estimation of root zone soil moisture by optimal parameter estimation and extended Kalman filter data assimilation [J]. Advances in Water Resources, 2011, 34(3): 395-406.

[155] Evensen G. The ensemble Kalman filter: Theoretical formulation and practical implementation [J]. OcDyn, 2003, 53(4): 343-367.

[156] Gillijns S, Mendoza O B, CHANDRASEKAR J, et al. What is the ensemble Kalman filter and how well does it work? [C]//2006 American Control Conference; Minneapdis, UN, USA, 2006.

[157] McMillan H K, Hreinsson E Ö, Clark M P, et al. Operational hydrological

data assimilation with the recursive ensemble Kalman filter [J]. Hydrol. Earth Syst. Sci., 2013, 17(1): 21-38.

[158] Weerts A H, El serafy G Y. Particle filtering and ensemble Kalman filtering for state updating with hydrological conceptual rainfall-runoff models [J]. Water Resour Res., 2006, 42(9): W09403.

[159] Julier S J, Uhlmann J KA. New extension of the Kalman filter to nonlinear systems[C]//Signal processing, sensor fusion, and target recognition VI: Orlando, FL. USA,1997.

[160] Jiang P, SUN Y, Bao W. State estimation of conceptual hydrological models using unscented Kalman filter [J]. Hydrology Research, 2018, 50(2): 479-497.

[161] Sun Y, Bao W, Valk K, et al. Improving forecast skill of lowland hydrological models using ensemble Kalman filter and unscented Kalman filter [J]. Water Resoures Research, 2020, 56(8): e2020WR027468.

[162] Broersen P M T, Weerts A H. Automatic Error Correction of Rainfall-Runoff models in Flood Forecasting Systems[C]//2005 IEEE Instrumentation-and Measurement Technology Conference Proceedings: Ottawa. ON, Canada,2005.

[163] Weerts A H, Winsemius H C, Verkade J S. Estimation of predictive hydrological uncertainty using quantile regression: examples from the National Flood Forecasting System (England and Wales) [J]. Hydrology and Earth System Sciences, 2011, 15(1): 255-265.

[164] 王文圣, 丁晶, 邓育仁. 一类洪水预报的非线性时序模型——指数自回归模型 [J]. 四川联合大学学报(工程科学版), 1997(6):1-5.

[165] Todini E. A model conditional processor to assess predictive uncertainty in flood forecasting [J]. International Journal of River Basin Management, 2008, 6(2): 123-137.

[166] 司伟, 包为民, 瞿思敏. 洪水预报产流误差的动态系统响应曲线修正方法 [J]. 水科学进展, 2013, 24(4):497-503.

[167] 包为民, 阙家骏, 赖善证,等. 洪水预报自由水蓄量动态系统响应修正方法 [J]. 水科学进展,2015, 26(3):365-371.

[168] 刘可新, 包为民, 李佳佳,等. 基于系统响应理论的分水源误差修正[J]. 水电能源科学, 2014, 32(11): 44-47,103.

[169] Si W, Bao W, Gupta H V. Updating real-time flood forecasts via the dynamic system response curve method [J]. Water Resour. Res. , 2015, 51(7): 5128-5144.

[170] 刘可新, 张小琴, 包为民,等. 产流误差平稳矩阵的系统响应修正方法 [J]. 水利学报, 2015, 46(8):960-966.

[171] 杨姗姗, 曾明. 降雨误差微分响应岭估计 [J]. 水文, 2022:1-9.

[172] 包为民. 洪水预报信息利用问题研究与讨论 [J]. 水文, 2006(2):18-21.

[173] Hansen P C. Rank-Deficient and Discrete Ill-Posed Problems: Numerical Aspects of Linear Inversion [M]. Society for Industrial and Applied Mathematics, 1998.

[174] Hansen P C, SEKII T, Shibhashi H. The Modified Truncated SVD Method for Regularization in General Form [J]. SIAM Journal on Scientific and Statistical Computing, 1992, 13(5): 1142-1150.

[175] Golub G H, Heath M, Wahba G. Generalized Cross-Validation as a Method for Choosing a Good Ridge Parameter [J]. Technometrics, 1979, 21(2): 215-223.

[176] Varah J M. Pitfalls in the Numerical Solution of Linear Ill-Posed Problems [J]. SIAM Journal on Scientific and Statistical Computing, 1983, 4(2): 164-176.

[177] Sun Y, Bao W, Jiang P, et al. Development of dynamic system response curve method for estimating initial conditions of conceptual hydrological models [J]. Journal of Hydroinformatics, 2018, 20(6): 1387-1400.

[178] Sun Y, Bao W, Jiang P, et al. Development of Multivariable Dynamic System Response Curve Method for Real-Time Flood Forecasting Correction [J]. Water Resources Research, 2018, 54(7): 4730-4749.

[179] 李致家, 孔祥光, 张初旺. 对新安江模型的改进 [J]. 水文, 1998(4):20-24.

[180] 包红军, 赵琳娜. 基于集合预报的淮河流域洪水预报研究 [J]. 水利

学报, 2012, 43(2):216-224.

[181] 郭生练, 熊立华, 杨井,等. 分布式流域水文物理模型的应用和检验[J]. 武汉大学学报(工学版), 2001(1):1-5,36.

[182] 赵人俊, 王厥谋. 论滞后演算法 [J]. 水文, 1983(5):30-34.

[183] Ren-Jun Z. A non-linear system model for basin concentration [J]. Journal of Hydrology, 1993, 142(1-4): 477-482.

[184] Helton J C, DAVIS F J. Latin hypercube sampling and the propagation of uncertainty in analyses of complex systems [J]. Reliability Engineering & System Safety, 2003, 81(1):23-69.

[185] 包为民. 水文预报[M]. 3 版. 北京: 水利水电出版社, 2006.

[186] 赵人俊. 流域水文模拟——新安江模型与陕北模型 [M]. 北京: 水利电力出版社, 1984.

[187] Sun Y, Bao W, Jiang P, et al. Development of a Regularized Dynamic System Response Curve for Real-Time Flood Forecasting Correction [J]. Water, 2018, 10(4): 450.

[188] Song S, Lim J S, Baek S, et al. Gauss Newton variable forgetting factor recursive least squares for time varying parameter tracking [J]. Journal of Electronics letters, 2000, 36(11): 988-990.

[189] Paleologu C, Benesty J, Ciochina S. A Robust Variable Forgetting Factor Recursive Least-Squares Algorithm for System Identification [J]. IEEE Signal Processing Letters, 2008, 15:597-600.

[190] Simon D. Optimal state estimation: Kalman, H infinity, and nonlinear approaches [M]. Hoboken, New Jersey John Wiley & Sons, 2006.